わスス
るラ

Beginner's Best Guide to Programming

Python

岩崎圭、北川慎治 著　寺田学 監修

Kei Iwasaki, Shinji Kitagawa / Manabu Terada

第 **2** 版

SE
SHOEISHA

本書内容に関するお問い合わせについて

このたびは翔泳社の書籍をお買い上げいただき、誠にありがとうございます。弊社では、読者の皆様からのお問い合わせに適切に対応させていただくため、以下のガイドラインへのご協力をお願い致しております。下記項目をお読みいただき、手順に従ってお問い合わせください。

●ご質問される前に

弊社Webサイトの「正誤表」をご参照ください。これまでに判明した正誤や追加情報を掲載しています。

　　　　正誤表　　https://www.shoeisha.co.jp/book/errata/

●ご質問方法

弊社Webサイトの「書籍に関するお問い合わせ」をご利用ください。

　　　　書籍に関するお問い合わせ　　https://www.shoeisha.co.jp/book/qa/

インターネットをご利用でない場合は、FAXまたは郵便にて、下記"翔泳社 愛読者サービスセンター"までお問い合わせください。
電話でのご質問は、お受けしておりません。

●回答について

回答は、ご質問いただいた手段によってご返事申し上げます。ご質問の内容によっては、回答に数日ないしはそれ以上の期間を要する場合があります。

●ご質問に際してのご注意

本書の対象を越えるもの、記述個所を特定されないもの、また読者固有の環境に起因するご質問等にはお答えできませんので、予めご了承ください。

●郵便物送付先およびFAX番号

　　　　送付先住所　　〒160-0006　東京都新宿区舟町5
　　　　FAX番号　　　03-5362-3818
　　　　宛先　　　　　（株）翔泳社 愛読者サービスセンター

はじめに

著者から

　既刊「スラスラわかる Python」（以下、既刊）は、機械学習ブームを背景に日本でも Python が流行りはじめた 2017 年 8 月に「これから Python でプログラミングをはじめたいとお考えの方に贈る 1 冊」として出版され、幸いなことに多くの方の手に取っていただきました。

　それから 4 年ほどの月日が経ち、Python はバージョンアップを重ね、本書執筆時点で 3.10 まで上がり、多くの進化を遂げています。また、この 4 年の間に日本においても Python をとりまく状況が変わり、多くの関連書籍が出版されました。世界的な Python のカンファレンスである PyCon も、日本で毎年継続して開催されています。
　今や Python は一時のブームにとどまらない、とてもメジャーなプログラミング言語となったのではないでしょうか。

　既刊で解説している Python の文法や構文は、プログラミングを学習するうえで必要最低限なものに絞っています。これは知識を網羅するよりも「プログラミングが書ける！」という体験を重視してのものです。そのため、今読んでも Python の学習の力になれることが多いです。
　一方で、やはり 4 年の間に起こった Python の進化や開発環境については追従できておらず、古い内容となってしまいました。既刊執筆当時のバージョンである Python 3.6 の頃はあまり利用されることのなかった f-string や Type Hint なども、今ではとてもよく使われるようになりました。

　この「スラスラわかる Python 第 2 版」は、Python を学習していく最初の一歩をサポートするべく、「プログラミングが書ける！」という体験をそのままに、最新の Python のトレンドを取り込みました。本書がこれから Python でプログラミングをはじめたいとお考えの方に贈る 1 冊であることは変わりません。この本の体験が、引き続き Python でプログラミングをすることの魅力を感じる助けになることを祈っております。

2021 年 10 月

岩崎 圭

監修者から

　既刊の発売は、Pythonが日本国内で大きく盛り上がりはじめた2017年でした。既刊は、初心者にやさしく、Pythonic（Pythonらしい）な初学者向けの書籍を目指して出版しました。発売後から「この本ならやりきれる」「丁寧に説明していてありがたい」という声が聞こえてきました。一方、「まだハードルが高い」という声を耳にすることがあります。

　ただ、プログラミングを覚えるにはある一定の時間や経験が必要なのも事実です。新しいことをはじめるには時間をかけて、じっくり取り組むしかないと思っています。

　私自身、30歳を超えてからプログラミングを学びはじめ、プログラマーとなったのは35歳を目の前にしたときでした。数十年前から「プログラマー35歳定年説」などと言われていますが、それを打ち砕くべく挑戦をしています。

　そうした中、世の中に目を向けるとプログラミングの義務教育化などが実施され、10代前半からプログラミングを学ぶことが普通になってきました。

　持論及び経験則として、プログラミングはいつからでもはじめられると思っています。この本をきっかけに、プログラミングの学習をスタートしていただけると自負しております。

2021年10月 自宅にて

監修 寺田 学

本書について

　本書は、プログラミングがまったくはじめてという方に向けて、Python に
関する技術を基礎からやさしく解説した入門書です。全部で 13 の章に分かれ
ており、各章でプログラミングや Python の特定のテーマについて解説します。
読み終えるころには、Python のプログラムを作るために最低限必要な知識が
身についていることでしょう。
　各章には以下のような要素があり、理解を助けます。

1. 章の内容をイラストで紹介

　各章の冒頭には内容をイラストで紹介するコー
ナーがあります。どんなことを学ぶのか、事前に把
握して心の準備をしてください。

2. 本編の解説

　はじめての方でも理解できるよう、難しい言葉はなるべく使わずに丁寧に説
明しています。

3. たくさんの図解

　文章による説明の理解を助けるために図解を使って補足しているので、イメー
ジをつかみやすくなっています。

4. 用語解説

　必要に応じて、専門用語が登場します。
そのつど、解説していますが、補足情報
などがある用語については、この要素で
説明します。

5. Memo

　説明に関連して、留意していただきた
いことなどをまとめています。

6. Column

説明の流れからは少し外れますが、今後のために知っておいたほうがよい情報などをまとめています。

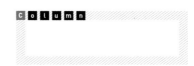

7. 注意

やってはいけないことや、間違いのもとなど、注意が必要な内容についてまとめています。

8. Point

解説してきたことを、再度確認するために、簡潔にまとめています。見直しなどをする際に活用してください。

9. チェックテスト

章末にはチェックテストを用意しています。理解度をはかるために、ぜひチャレンジしてみてください。

10. プロンプトやコマンド、コードの掲載方法について

紙面の都合上、本書では、プロンプトやコマンド、サンプルプログラムのコードを任意の位置で折り返して掲載している場合があります。折り返した場所には ⏎ を入れています。

本書の対象読者・前提知識

本書は、プログラミングをしたことがない初心者を対象としています。必要な知識はPCの基本操作だけです。学生の方から社会人、一度はプログラミングを始めたものの挫折してしまった方まで、幅広くお使いいただけます。

学習の進め方

本書は、「プログラミング経験がない方でも無理なく読み進められる」「電車の中などで読みながら理解できる」ということを目標に執筆しました。Pythonでの学習を始めるに当たって覚えなければならない周辺知識や環境構築などについてもイラスト・図解や文章で平易に解説しているので、スムーズにプログラミングの学習へ入ることができるでしょう。

Pythonプログラミングの上達のコツの1つは、「書くこと」です。本書に掲載されたサンプルプログラムを実際に入力し、実行させてみることで、より一層理解が深まります。また、サンプルプログラムになくても、「こう書いたら、どう動くのかな？」という疑問やチャレンジの心を大切にして、ぜひ動かして確かめてください。思ったとおりに動かせるようになり、Pythonの学習が楽しくなるとグングン上達していきます。

もう1つのコツは「調べること」です。Pythonの特徴は豊富なライブラリです。サンプルプログラムを卒業したら、いよいよ自分でプログラムを書くことになりますが、頭の中で思い描いた機能がPythonに存在するかどうか、マニュアルなどで調べながら進めていくことになるでしょう。

本書ではPythonのエラーの種類についても解説しています。エラーが発生した場合でもPythonが発したメッセージをよく読み、わからないことを調べて自分の知識にしていきましょう。

第1章では、「プログラミングとはなんだろう」というところから、Python
の特徴を紹介しています。

第2章では、Pythonをインストールして、学習のための環境構築を行います。
第3章では、簡単なプログラムを書いて、Pythonを実際に動かしてみます。

第4章では、プログラミングの基本となる型について学びます。第5章では、
条件分岐について、続く第6章でリスト型と繰り返し処理について学びます。

第7章では、便利にプログラミングができるよう辞書型について学び、第8
章では、関数の使い方と作り方を覚えましょう。

第9章では、エラーと例外処理を身につけます。

第10章では、今ではよく使われている型ヒントについて学びます。

第11章では、いよいよファイルについて学び、第12章では、Webスクレイ
ピングで情報収集を行ないます。最後の第13章では、第11章で集めた情報を
使いやすい形にしていきます。

本書の執筆環境と
サンプルプログラムの動作確認環境について

本書の執筆環境と本書に掲載しているサンプルプログラムの動作確認環境は、
次の通りです。

- OS：Windows 10、macOS Big Sur
- Python：Python 3.10.0
- コードエディタ：Visual Studio Code 1.61.0

付属データのダウンロードについて

　本書に掲載したサンプルプログラムのファイル（.py）と第13章で使用するファイル（zen-of-python.txt）は、本書の付属データとして翔泳社のWebページからダウンロードできます。

　また、紙面の都合上、書籍本体に収録できなかった次の内容も付属データにPDFファイルで同梱しています。ぜひ、こちらもご覧ください。

- A-1　プログラムでよく使うファイル形式の紹介
- A-2　ドキュメントの読み方、見つけ方
- A-3　さらにPythonを使い込んでいくために

　付属データをダウンロードするには、以下のURLにアクセスして、リンクをクリックしてください。

　付属データのファイルは.zipで圧縮しています。ご利用の際は、必ずご利用のPCの任意の場所に解凍してください。

付属データのダウンロード

https://www.shoeisha.co.jp/book/download/9784798169361

目 次

CONTENTS

第 1 章

Pythonの紹介

最初に「プログラミングとはなん
だろう」というところから、Python
というプログラミング言語の特徴
を押さえましょう。

この章で学ぶこと

1 __ プログラミングとは

2 __ Pythonというプログラミング言語の特徴

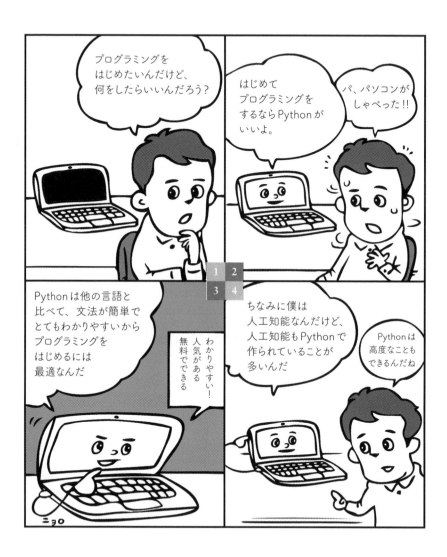

1—1 Pythonの紹介

この**1.1**では「プログラミングとはなんだろう」ということ、そして「Python
というプログラミング言語」について紹介していきます。

▌プログラミングとは

Pythonの話をする前に、プログラミングについて整理しておきましょう。

プログラミングとは、コンピュータに「決められた処理をしてほしい」とい
う命令（＝プログラム）を作成していくことです。具体的な例を挙げると、「表
のデータの合計や平均、それらのグラフも出したい」「プリンタでこの画像を
印刷してほしい」といったものがあります。

また、**プログラミング言語**とは、プログラムを作成するために用いられる、
専用の言語のことをいいます。

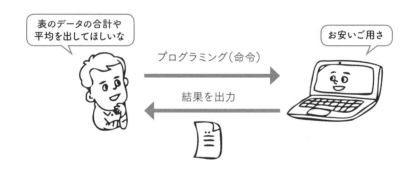

コンピュータはCPU（シービーユー）と呼ばれる装置で命令された処理を行います。CPUは
電気信号で命令を受け取ります。すなわち、コンピュータに命令をするには電
気信号を制御する必要があり、その制御は機械語と呼ばれる2進数（0と1だ
けで表現される数値）を用いた命令を介して行います。

しかしながら、2進数には0と1以外の信号は利用されません。コンピュー

タには一番わかりやすい形式ですが、人が直接読み書きするには相当な労力が必要です。

　プログラミング言語は機械語を直接書かずとも、コンピュータに対して命令を出せるようにしてくれます。まさに人とコンピュータが会話するための言語なのです。

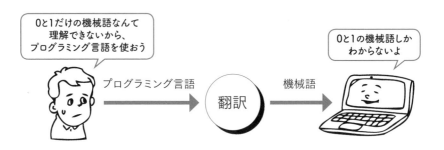

　プログラミング言語自体は非常に多くの種類が存在し、それぞれが得意とする処理や表現方法はさまざまです。Python もプログラミング言語の1つで、構文がやさしく、文法もシンプルでわかりやすいので世界的に人気があります。

Python の特徴

　Python にはどのような特徴があるのかを紹介します。特徴を挙げると、次のものがあります。

- わかりやすくて習得が容易
- 高度なプログラミングもこなせる
- 世界中の多くの場所で多くのユーザーに利用されている
- フリーでオープン

　それぞれの特徴を詳しく説明していきます。

わかりやすくて習得が容易

　Pythonでプログラムを作成すると、シンプルで読みやすいコードを自然に書いていくことができます。そのようになる理由として、コードブロックの表現が挙げられます。**コードブロック**とは、プログラムの処理の塊のことです。例を見てみましょう。比較のため、Pythonで書かれたプログラムとPerlというプログラミング言語で書かれたプログラムを示します（リスト1-1、リスト1-2）。どちらも同じ結果になるプログラムです。

リスト1-1 　Pythonのコード例

```
total = 0
for number in [1, 2, 3, 4, 5]:
    total = total + number ←────コードブロック

print(total)
```

実行結果

15

リスト1-2 　Perlのコード例

```
$total = 0;
foreach $number (1, 2, 3, 4, 5){
    $total = $total + $number; ←────コードブロック
}

print $total, "\n";
```

実行結果

15

　Perlではコードブロックとなる部分を{}で囲むことによって表現します。一方、Pythonではコードブロックとなる部分の行頭に、同じ数のスペースを挿入することで表現します。大抵の場合は半角スペースを4つ挿入します。この特徴から、Pythonでプログラムを作成していくと構文の形が自然に矯正されます。

　書いた人によって大幅に見た目が変わるということが少なくなるため、誰が

書いても読みやすいコードになります。

　また、Pythonでは$や;といった特殊な記号がほとんど必要とされません。Pythonでプログラムを書いていくと見た目も英文に近い形となりやすく、人にとっても読みやすいものになります。

　Pythonはシンプルで読みやすいプログラムを自然に書いていくことができます。これからプログラミングを始めたい方にお勧めしたいプログラミング言語です。

Pythonは
わかりやすいんだね

🔹 高度なプログラミングもこなせる

　Pythonは**ライブラリ**と呼ばれる、**他のプログラムから利用されることを前提に書かれたプログラムの集まり**を簡単に扱うことができます。ライブラリを利用した拡張性は非常に強力です。Pythonには標準ライブラリと呼ばれる多数のライブラリが含まれています。複雑な処理を行うときは、必要なライブラリを呼び出して高度なプログラミングができます。

　標準ライブラリの種類は豊富です。例えば、数値計算はもちろん、インターネットを通じた情報の取得が行えるもの、画像処理、音楽データを扱えるものまで用意されています。

　さらにはPyPI（Python Package Index ＊）　と呼ばれるサイトに、世界中のPythonユーザーによって開発されたさまざまなライブラリが公開されています。PyPIで共有されているライブラリは大抵コマンド1つで導入でき、高度な処理を実現するための助けになります。外部データベースと連携するライブラリや、本格的なデータ解析を可能にするライブラリもあります。他にも、WebアプリケーションフレームワークというWebサービスの開発には欠かせない機能を提供するものもあります。Pythonは単にわかりやすくて習得が容易なだけでなく、高度な開発もできるのです。

＊ URL: https://pypi.org

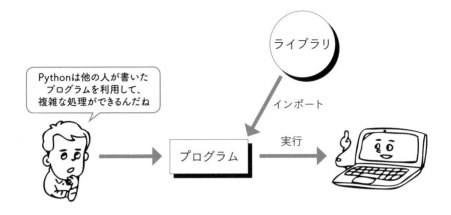

❷ 世界中で、多くの場所で、多くのユーザーに利用されている

　Pythonはシンプルながら高度な開発をこなせることもあり、世界中の多くの組織で採用されています。有名なところではGoogle、Dropbox、Instagram、それにNASAなどの組織で利用されている実績があります。最近では、科学計算を得意とするライブラリが非常に豊富であることから、データサイエンス分野における機械学習で多くの注目を集めています。

　また、Pythonは世界各地に多数のユーザーがいます。Pythonユーザーによるコミュニティ活動を通じた情報交換、交流も活発です。代表的なものとしては、PyCon と呼ばれる世界各地で毎年行われているカンファレンスがあり、日本でも2011年から開催されています。他にも、コミュニティが運営するチャットを通じた情報交換も行われています。書籍やインターネット上における情報も豊富で、学習するために必要となる情報を得ることは容易です。

　情報を入手しやすいという背景からも、これからプログラミングを始めようという方にとって、Pythonは非常によい選択になるはずです。

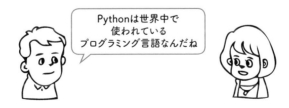

● フリーでオープン

　Pythonは PSF（Python Software Foundation）Licenseと呼ばれるオープンソースライセンスで提供されています。このライセンスによって自由に Python を使用でき、再配布や商用利用が可能です。「Python を使ってみたい」と思ったら、Python の公式 Web サイトにアクセスしてみましょう。

https://www.python.org/

Python の公式 Web サイト

　公式 Web サイトから無料でインストーラーを入手できます。インターネットにつながったパソコンさえあれば、誰でもすぐに Python を始められるのです。

Pythonは
無料で
使えるんだね

　Python というプログラミング言語がどのようなものなのか、イメージいただけたでしょうか。本書ではこのような特徴をもつプログラミング言語 Python で、基本的なプログラムの書き方を学んでいきます。
　第2章からは早速、手元のパソコンで実際に Python を動かせるように環境を整えていきます。

1─2 まとめ

- プログラミングとは「こういう処理をしてほしい」という命令を作成していくこと
- プログラミング言語は、プログラムを作成するために用いられる専用の言語
- Pythonはプログラミング言語の1つで、次の特徴がある
  - わかりやすくて習得が容易
  - 高度なプログラミングもこなせる
  - 世界中で多くのユーザーに利用されている
  - フリーでオープン

■ Check Test

Q 1 プログラミングとは、なにをすることでしょう?

Q 2 プログラムの処理の塊であるブロックを、
Python ではどのように表すでしょう?

第 **2** 章

Pythonを自分の
PCで動かそう

Pythonがどういったプログラミング言語なのかおおよそのイメージがついたら、今度は自分のパソコンでPythonを動かすための準備をしましょう。

この章で学ぶこと

1 __ 手元のパソコンでPythonを
　　　利用できるようにする方法

2 __ プログラムを書くためのテキストエディタを
　　　利用できるようにする方法

1 Pythonの インストール・環境設定

Pythonは無料で入手でき、Windowsはもちろん、macOSやLinuxなどの多くのOSでサポートされています。特にWindowsとmacOSに関しては、Python公式サイトでインストーラーが提供されていますので、簡単にインストールできます。

Pythonにはいくつかバージョンが存在しますが、本書ではPython3の最新のバージョンを基に話を進めていきます。執筆時点での最新バージョンはPython3.10.0ですが、より新しいものがリリースされているのであれば、そちらを利用するようにしてください。

それではPythonを自分のパソコンで使えるようにしてみましょう。WindowsとmacOSで手順が異なりますので、それぞれ解説します。

Windows 環境にインストール

Pythonのインストーラーを公式サイトからダウンロードします。

https://www.python.org/downloads/

Python 公式サイトのダウンロードページ（本書執筆時点）

［Download Python 3.10.0］をクリックして、Pythonのインストーラーをダ
ウンロードします。インストーラーをダウンロードしたら、実行してみましょ
う（Python 3.10.0は、本書執筆時点での最新版です。最新版をインストール
してください）。

［Windows］Pythonのインストーラー画面①

　上記のような画面が起動します。ここで［Add Python 3.10 to PATH］にチェッ
クを入れてください（❶）。ここにチェックを入れることにより、簡単に
Pythonを利用できる状態でインストールできます。

［Windows］Pythonのインストーラー画面②

　チェックを入れたら、［Install Now］をクリックします（❷）。するとインス

トールが始まりますので、完了するまで待ちます。

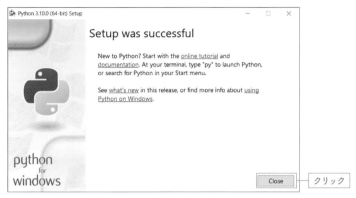

[Windows] Python のインストーラー画面③

　問題なく完了すれば上記のような画面になり、Python を利用できるようになります。

　この画面は［Close］をクリックし閉じてしまって問題ありません。

macOS 環境にインストール

　Windows と同様に、公式サイトからインストーラーをダウンロードします。

https://www.python.org/downloads/

Python 公式サイトのダウンロードページ（本書執筆時点）

［Download Python 3.10.0］をクリックして、Pythonのインストーラーをダ
ウンロードします。インストーラーをダウンロードしたら実行してみましょう。

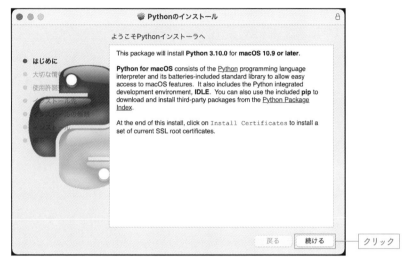

［macOS］Python のインストーラー画面①

上記のような画面が表示されます。［続ける］をクリックします。

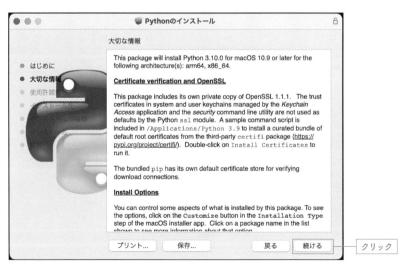

［macOS］Python のインストーラー画面②

1 Python のインストール・環境設定

Pythonパッケージに関する情報が表示されますので、確認して［続ける］を
クリックします。

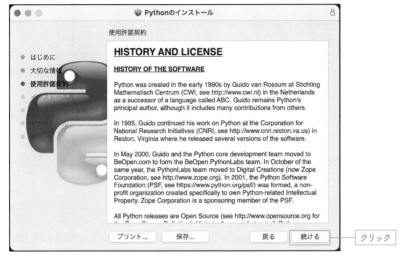

［macOS］Python のインストーラー画面③

「使用許諾契約」が表示されます。確認し、同意するために［続ける］をクリッ
クします。

［macOS］Python のインストーラー画面④

インストールにあたってはソフトウェア使用許諾契約への同意が必須になり
ますので、［同意する］をクリックします。

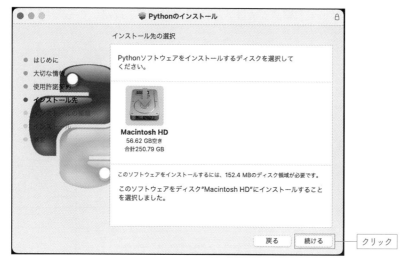

[macOS］Python のインストーラー画面⑤

　インストール先のディスクを指定する画面に移ります。ここは特段の理由が
なければ、macOSのインストールされている［Macintosh HD］を選択するの
がよいでしょう。指定したら［続ける］をクリックします。

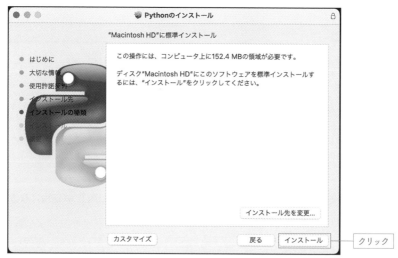

[macOS］Python のインストーラー画面⑥

インストールの確認画面に移ります。ここではインストール先となるフォルダを変更できますが、特段の理由がない限りはそのままで大丈夫です。［インストール］をクリックしましょう。

［インストール］をクリックすると実際にインストールが始まりますので、完了するまで待ちます。

[macOS] Python のインストーラー画面⑦

インストールが完了したら上記のような画面になります。これでPythonが無事インストールされたので、［閉じる］をクリックします。

2 テキストエディタVisual Studio Codeのインストール

前節のインストール作業で、パソコンでPythonを利用できるようになりました。次に、プログラムを書くために必要な道具である、テキストエディタを利用できるようにします。本書では、プログラミングに欠かせない機能が強力で、フリーで利用できるVisual Studio Codeを使っていきます。「VS Code」と略称で呼ばれることも多く、本書でも、以降は「VS Code」とします。

VS Codeは、公式サイトからインストーラーを入手できます。

https://code.visualstudio.com/

VS Code のトップページ（本書執筆時点）

公式サイトにアクセスするとWindowsの場合は［for Windows］、macOSの場合は［Download Mac Universal］とそれぞれの環境に合わせた［Download］ボタンが表示されます。ボタンをクリックしてダウンロードしましょう。

以降、WindowsとmacOSで少し手順が変わってきます。それぞれについて説明していきます。

Windows 環境にインストール

VSCodeUserSetup-X.X.X.exe というファイルがダウンロードされます。X.X.X
とは VS Code のバージョンを表す番号のことで、X には数字が入ります。この
数字は、ダウンロードをする時期によって変わっている可能性があります。本
書の執筆時点では［1.61.0］ですが、より新しいものでも問題ありません。

ダウンロードが完了したら実行してみましょう。VS Code のインストーラー
が起動します。

［Windows］VS Code のインストーラー画面①

利用規約を確認し、［同意する］にチェックを入れて［次へ］をクリックし
てください。

[Windows] VS Code のインストーラー画面②

　インストール先となるフォルダを選択する画面に移ります。特段の理由がな
ければこのまま［次へ］をクリックし、標準の場所へインストールしましょう。

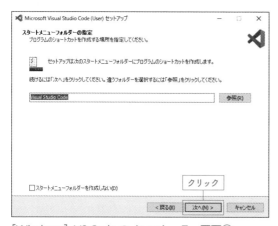

[Windows] VS Code のインストーラー画面③

　次に「スタートメニューフォルダーの指定」という画面に移ります。こちら
も特段の理由がなければ、このまま［次へ］をクリックして構いません。

　　　　　　　2　テキストエディタ Visual Studio Code のインストール

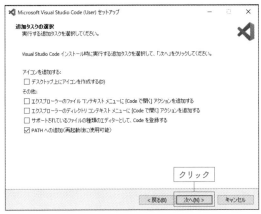

[Windows] VS Code のインストーラー画面④

　「追加タスクの選択」という画面に移ります。こちらも基本的には変更せずに進めて問題はありません。利用したい項目があったらチェックを入れ、［次へ］をクリックして進みましょう。

[Windows] VS Code のインストーラー画面⑤

　「インストール準備完了」という画面に変わります。内容に問題なければ「インストール」をクリックします。

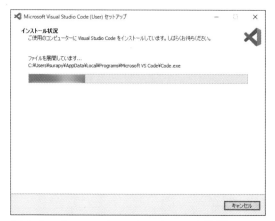

[Windows] VS Code のインストーラー画面⑥

ここで実際のインストールが始まります。

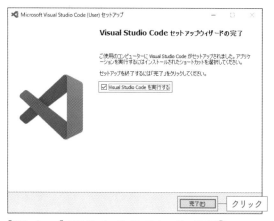

[Windows] VS Code のインストーラー画面⑦

　完了すると、自動的に上記の画面が表示されます。[Visual Studio Codeを実行する] にチェックを入れたまま [完了] をクリックすると、自動的にVS Codeが起動します。

　VS Codeをインストール後、最初に起動したときにはVS Codeを利用する際のガイドページが開きます。このガイドページは閉じてしまって問題ありませんが、詳細なVS Codeの利用方法を確認したいのであれば、読んでみるのもよ

いでしょう。

macOS 環境にインストール

　macOSでSafari以外のブラウザを利用している場合は、［VSCode-darwin-universal.zip］というファイルがダウンロードされます。このファイルをFinderでダブルクリックをして展開します。Safari経由でダウンロードすると自動的に展開されるので、この作業は不要です。

　［Visual Studio Code］というファイルが得られたら、「アプリケーション」フォルダへドラッグ＆ドロップで移動します。VS Codeのインストールはこれで完了です。通常のアプリケーションと同様に起動できるようになります。

　インストールをする際に、次の画像のようにところどころアクセスを許可するかどうかを確認する画面が表示されます。VS Codeを利用するために必要なものですので、許可をして進めるようにしてください。

VS Code が macOS にアクセス許可を求めている例

VS Code の日本語化

　本書執筆時点において、インストールしたばかりのVS Codeのメニューはすべて英語となっています。ですが、心配は不要です。はじめてVS Codeを起動すると「表示言語を日本語に変更するには言語パックをインストールします」と記載されたポップアップが表示されます。「インストールして再起動（Install and Restart）」をクリックすると、日本語パッケージのインストールが始まり、VS Codeを日本語化できます。

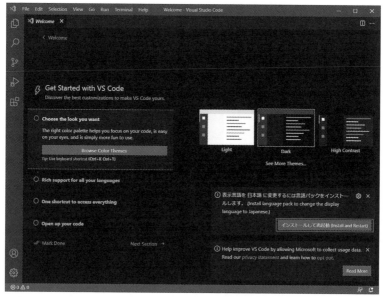

日本語化する場合は、「インストールして再起動（Install and Restart）」をクリック

　日本語パッケージのインストールが完了するとVS Codeが再起動します。メニューが日本語となっているのを確認してください（もし自動で日本語にならない場合は、一度手動でVS Codeを終了して、再び起動してみてください）。

メニューが日本語化された

「VS Codeを開始する」の内容は無視して構いませんが、気になるようであれば内容を確認してみてもよいでしょう。

Pythonを書くのに便利なプラグインを追加

VS Codeは、Python以外にもJavaScriptやGoなど、さまざまなプログラミング言語でも使うことができます。その反面、最初から完全にPythonを書くことに特化しているというわけではありません。しかしながらVS Codeには、Pythonのプログラムを書くうえで便利なフリーのプラグインが多数存在します。

特に、そのままな名前の［Python］というプラグインはインストールしておきましょう。VS Codeの左側のサイドバーに並んでいるアイコンから、 アイコンをクリックしてみてください。「拡張機能」と記載された項目が表示されます。

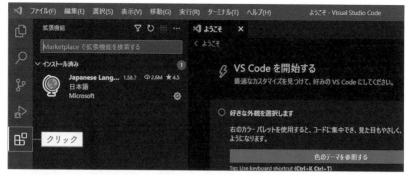

拡張機能を開いた状態

　この画面上に、プラグインを検索可能な入力欄があります。[python] と入力してみてください（❶）。

Python プラグインを検索

　公開されているプラグインの中で、Python に関連のあるものが表示されます。さまざまな名前のものが出てきますが、文字どおり「Python」という名前のプラグインを選択して [インストール] をクリックしてください（❷）。

　　　　　　　2　テキストエディタ Visual Studio Code のインストール

インストールが完了すると［インストール］ボタンは非表示に

　インストールが完了すると、先ほどの［インストール］というボタンが表示されなくなります。

Python プラグインの通知

　検索のために入力していた「python」を削除すると、インストール済みの拡張機能一覧を確認できます。今回インストールを行ったのは「Python」という

拡張機能のみでしたが、実際には「Pylance」と「Jupyter」というものも一緒にインストールされています。本書ではこれらの詳細な説明は割愛しますが、いずれも VS Code で Python をより便利に扱える拡張機能なので、インストールしたままにしておきましょう。

　見た目はあまり変わりませんが、これで Python をより書きやすい環境が整いました。

Column

プログラミングのためのテキストエディタ

プログラミングをしていくにあたっては、文字だけのファイルを作っていく作業が発生します。言ってしまえば、Windows に標準に付属しているメモ帳や同じく macOS に標準に付属しているテキストエディットでも、プログラミングは可能です。しかしながら、これらのテキストエディタはテキストを入力するという必要最低限の機能が備わっているのみで、プログラムを書くということが前提にはされていません。一方、プログラミングをすることが前提とされているテキストエディタは、プログラミングに便利な機能を提供してくれます。代表的なものを挙げると、次のような機能があります。

- 文法に沿って文字の色を適切に変えるシンタックスハイライト機能
- 最初の数文字を入力するだけで、予想される単語が自動的に出てくる補完機能
- プログラムの文法チェック機能
- 編集中ファイルにおける柔軟かつ強力な検索機能

このようなプログラムを書くための機能を備えたテキストエディタを使ったほうが、効率的にプログラミングをすることができます。本書ではそういった機能を提供している、VS Code でのプログラミングを前提に話を進めていきます。他にも長年親しまれている Vim/Emacs といった非常に拡張性の高いテキストエディタや、GitHub が開発している Atom などが有名です。実際にいろいろ触りながら、自分に合うテキストエディタをぜひ使ってみてください。

第 **3** 章

Pythonでプログラム を動かそう

Pythonのインストールができて
準備が整ったところで、Python
の世界を体験してみましょう。

1 Pythonが使えるか、確認しよう

まずはPythonと一緒にインストールしたVS Codeを起動しましょう。

■ ターミナルを表示、コマンドを入力して確認

VS Codeを起動できたらメニューの［ターミナル］＞［新しいターミナル］をクリックしてみてください。WindowsとmacOSで見た目に違いはありますが、いずれもVS Codeの下のほうに文字を入力できるエリアが出現します。

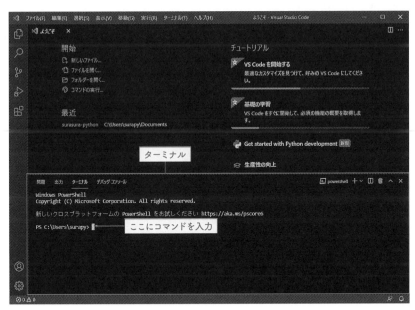

VS Codeでターミナルを表示した様子

この出現したエリアは**ターミナル**と呼ばれ、コマンドを用いてパソコンの操作ができる画面です。この画面に次のように入力して、［Enter］または［Return］キーを押してみてください（以下、本書では「［Enter］キーを押す」と表記し

ます)。Windowsとmacdecで少し違いがある点に注意してください。

[Windows] ターミナルで入力

```
python -V
```

実行結果

```
PS C:\Users\surapy> python -V
Python 3.10.0
```

[macOS] ターミナルで入力

```
python3 -V
```

実行結果

```
surapy@macbook-pro ~ % python3 -V
Python 3.10.0
```

　上記のように「Python 3.10.0」という文字が表示されるはずです。これで
Pythonが実際にインストールされていて、利用できる状況であることを確認で
きました。

[Windows] VS Code のターミナルで「python -V」と入力し [Enter] キー

　│ Pythonが使えるか、確認しよう

コマンドを用いたパソコンの操作

Pythonが利用できるかどうかを確認するために、「ターミナル」と呼ばれる見慣れない画面に「コマンド」と呼ばれる文字を入力してみました。普段のパソコン操作とは勝手が違い、戸惑う方もいるかもしれません。コマンドを用いてやっていることは、普段私たちがマウス等を利用してグラフィカルに操作するのと同じで、パソコンのアプリケーションを起動し、利用していることに変わりはありません。必ずしも特別詳しくなる必要はありませんが、プログラミングを学んでいくとコマンドを入力して操作する機会は多くなります。検索エンジンでわからないことを調べても、コマンドを用いた操作が前提の回答も多いです。

本書で扱う範囲については、「3-3　プログラミングを始めるための
ＣＬＩの基礎」で説明しています。コマンドの扱いがわからず不安な方
は、先にそちらに目を通してみることをお勧めします。

macOSには最初からPythonがインストールされている

acOS の場合は、第2章で説明した Python のインストールを行わなくても、本書執筆時点で2.7と3.8のバージョンの Python が最初から含まれています。

次は、Python をインストールする前の macOS Big Sur での例[*]です。

［macOS］ターミナル

```
python -V
python3 -V
```

実行結果

```
surapy@macbook-pro ~ % python -V
Python 2.7.16
surapy@macbook-pro ~ % python3 -V
Python 3.8.2
```

これらの Python は Apple 社によって管理されているもので、macOS のシステムなどのソフトウェアが利用しています。そのため、この Python 自体を改造したり削除をすると思わぬトラブルにつながりますので、プログラミングをしていく用途では利用しないようにしましょう。

「python3 -V」コマンドについては、第2章に従って Python をインストールしているのであれば、自動的にバージョン3.10のものに切り替わるので、基本的には心配はいりません。

もしも「python3 -V」コマンドをターミナルで実行して、上記の「3.8.2」のように「3.10」よりも前のバージョンが表示される場合は、プログラミングのための Python を正しくインストールできていない可能性が高いです。その場合は第2章を見直して、Python をインストールしてみてください。

---

[*] Catalina など古いバージョンの OS からアップグレードをした Big Sur の場合、Python 3 のバージョンが 3.8 より古いことがあります。

Pythonのプログラムを実行してみよう

ここまででPythonがインストールでき、VS Codeの準備が整いました。ここからは、実際にPythonの世界を体験していきます。

Python のプログラムの実行方法について

Pythonのプログラムを実行するには、大まかに分けると次の2つの方法があります。

① コマンドラインで対話的に1行ずつ処理を実行する方法
② プログラムを記載したテキストファイルを用意し、pythonコマンドにファイルを指定する方法

①の方法では入力をしたプログラムが1行ごとに実行され、その都度、実行結果を見ることができます。ファイルも用意する必要がなく、「Pythonでこういうことをするとどうなるか試してみよう」といった、細かな挙動を確認したいときなどに便利です。お手軽な反面、実行したプログラムの内容は自動的には保存されませんので、注意が必要です。

1行ずつ処理を実行する方法　　　　　　ファイルを指定する方法

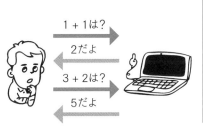
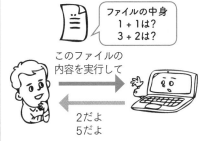

1行ずつ処理を実行する方法 vs. ファイルを指定する方法

❷の方法は、一般的にプログラムを実行するやり方です。自分がコンピュータにやってほしい処理をプログラムとしてテキストファイルに保存し、内容をPythonに認識させて実行します。本格的なソフトフェアを開発するときは記載するプログラムの量も膨大になってくるため、必然的にこの方法を取ります。また、プログラムがファイルとして扱えるので、ファイルを配布するだけで他のパソコンでも同じ処理を実行できます。

コマンドラインで対話的に 1行ずつ処理を実行する方法

まずはお手軽に利用できる「コマンドラインで対話的に1行ずつ処理を実行する方法」で、Pythonの簡単な処理を実行してみましょう。

ここではPythonが使えるか確認した際に利用した、VS Codeのターミナルを使います。今度は次のように入力し、[Enter] キーを押してみてください。WindowsとmacOSで入力内容が異なる点に注意してください。

〔Windows〕ターミナルで入力

```
python
```

〔macOS〕ターミナルで入力

```
python3
```

すると、コマンドラインの表示が次のように変わります。

実行結果　Windowsの例

```
PS C:\Users\surapy> python
Python 3.10.0 (tags/v3.10.0:b494f59, Oct  4 2021, 19:00:18)
 [MSC v.1929 64 bit (AMD64)] on win32
Type "help", "copyright", "credits" or "license" for
 more information.
>>>
```

ターミナルで Python と入力

Pythonの詳細なバージョン情報が表示され、プロンプトが >>> に変化しました。この画面は、一般的にPythonの「対話型画面」「対話型シェル」「対話モード」「インタラクティブシェル」など、いくつかの呼び方が存在します。本書では**インタラクティブシェル**で統一することにします。

このインタラクティブシェルを通じて、対話的に1行ずつPythonの処理を実行できます。試しに次の文字を入力して、［Enter］キーを押してみましょう。

インタラクティブシェル

```
print("Pythonの世界にようこそ")
```

実行結果

```
>>> print("Pythonの世界にようこそ") ←──── ここで［Enter キー］
Pythonの世界にようこそ
```

print の結果

printは指定した文字をそのまま表示するという処理を行います。「Pythonの世界によようこそ」という文字が表示されていますね。ただ、これだけではあまりプログラミングらしくないので、Pythonでもう少し処理を実行してみましょう。続けてリスト3-1の内容を入力してみてください。1行ずつ入力して［Enter］キーを押していきます。

　今は意味がわからなくても問題ありません。この本を読み進めるうちに、この処理がどういったものなのかがわかるようになります。

　実際に入力して実行してみると、次のようになるはずです。

リスト3-1　Pythonの処理

```
123 + 456
100 > 900
"Hello World!!".replace("World", "Python")
```

実行結果

```
>>> 123 + 456
579
>>> 100 > 900
False
>>> "Hello World!!".replace("World", "Python")
'Hello Python!!'
```

プログラムを実際に実行している様子

　1行目の処理は、見たとおり足し算の処理が行われています。計算した結果が表示されていますね。

　2行目の処理は、一見すると見たままの計算のように見えます。しかし実際

　2　Pythonのプログラムを実行してみよう

にやっているのは2つの数値の大小を比較するもので、単純な四則演算とは少し違います。「100 > 900」という大小関係が間違っているということは、おわかりいただけるでしょう。100と900では、900のほうが大きな数値ですね。処理の結果として表示されている「False」は、「100 > 900」という条件が成り立たないということを意味しています。

3行目の処理は、他の2つと違い計算式のような見た目ではなくなりました。一言で言ってしまうと、文字の置き換え処理を行っています。入力した文字のうち、「World」という文字が「Python」という文字に置き換わったものが表示されていますね。

Pythonは数値、文字の操作もお手の物です。他にも便利で強力な機能がたくさんあります。これらの機能を組み合わせ、コンピュータにやってもらいたいことを処理させることが、プログラミングの醍醐味でもあります。

● インタラクティブシェルの終了

ここまでPythonを簡単に動かしてみました。これ以上はインタラクティブシェルの画面を起動している必要はありませんので、終了しましょう。次のように入力して、[Enter]キーを入力してください。

インタラクティブシェル

```
quit()
```

実行結果　Windowsの例

```
>>> quit()
PS C:\Users\surapy>
```

プロンプトが、最初にターミナルを起動したときのものと同じ表示に戻っています。これはPythonのインタラクティブシェルが終了し、パソコンが本来提供しているコマンドラインの画面に戻っている状態です。Pythonではquit()を利用すると、インタラクティブシェルを終了できます。

プログラムを記載したテキストファイルを用意し、pythonコマンドにファイルを指定する方法

インタラクティブシェルを通じてPythonの世界に触れてもらいました。続いて、もう1つの実行方法である「プログラムを記載したテキストファイルを用意し、pythonコマンドにファイルを指定する方法」を実際に試してみましょう。

ファイル置き場の作成

テキストファイルを作るといっても、無闇にあちこちにファイルを作ってしまっては、いざ実行するときにファイルを探すのに苦労します。次の要領でファイル置き場となるフォルダを作りましょう。

❶ Windowsの場合はエクスプローラーを起動して［ドキュメント］フォルダを、macOSの場合はFinderを起動して［書類］フォルダを選択してください。

❷ ［ドキュメント］または［書類］フォルダを選択したら、「surasura-python」という名前のフォルダを作ってください。

[Windows]［ドキュメント］配下に「surasura-python」フォルダを作る

[macOS]［書類］配下に「surasura-python」フォルダを作る

《 **M e m o** 》

Windowsの場合、
環境によってフォルダのパスが違うことがある

M icrosoftアカウントと連携をされた Windows の場合、「ドキュ メント」フォルダのパスが異なることがあります。

Microsoft アカウントが連携されていない Windows 環境の例

```
C:\Users\surapy\Documents\surasura-python
```

Microsoft アカウントが連携されている Windows 環境の例

```
C:\Users\surapy\OneDrive\Document\surasura-python
```

本書では、「ドキュメント」フォルダの中に「surasura-python」とい うフォルダを作り、その中でプログラミングに必要なファイルを作っ ていきますが、「Microsoftアカウントが連携されていないWindows環 境」を前提に進めていきます。
GUIであればどちらでも操作に違いはありませんが、CLI操作をする際 は一部を読み替える必要があります。ファイルパスに「OneDrive」と いう文字が含まれている場合、先に示したとおりにファイルパスを読 み替えください。

　フォルダを作成できたら、再びVS Codeを起動してみてください。Windows の場合は、メニューの［ファイル］＞［フォルダーを開く］から今作ったフォ ルダを選択します。

［Windows］VS Code で対象フォルダを開く

　macOSの場合は、メニューの［ファイル］＞［開く］から今作ったフォルダを選択します。

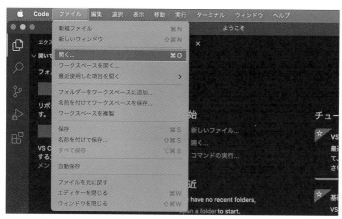

［macOS］VS Code で対象フォルダを開く

　すると次のような「このフォルダー内のファイル作成者を信頼しますか？」と尋ねるウィンドウが表示されます。今回開く「surasura-python」フォルダは自分自身で作成したフォルダなので、「はい、作成者を信頼します」を選択して問題ありません。

　一方で、もしもどこかのWebサイトなどからダウンロードするような、自分で作っていないフォルダを開く際には注意が必要な項目です。

ファイルの作成者を信頼するかどうかを確認する画面

　フォルダを信頼すると、次のような画面になります。左側には［surasura-python］というフォルダが表示されます。これが先ほど作ったフォルダです。

フォルダを開いた後の VS Code

　続いて、この章で使うファイル置き場として「chapter03」というフォルダ

を作ります。作成した「surasura-python」フォルダの右側にある アイコン をクリックして、「chapter03」と入力します。

「chapter03」フォルダを作る

● Pythonプログラムをテキストファイルに記述し、保存する

第3章用のファイル置き場ができたら、実際にテキストファイルを作成して Pythonの処理を書いていきましょう。それでは試しに「taro、jiro、takashiの 3人の身長の情報から平均身長を計算する」というプログラムを、Pythonで書 いてみます。

最初に、プログラムを記載するためのファイルを作ります。VS Codeの左側 のファイルが表示されているところから「chapter03」を右クリックして［新 しいファイル］をクリックしてください。ファイル名を入力できるので［height-average.py］と入力し、［Enter］キーを押します。

VS Code で「height-average.py」を作る

<< Memo >>

Pythonファイルの拡張子

こ　こでファイル名の最後に「.py」という文字を付けました。Python
の処理を記載したテキストファイルは、必ずこの「.py」を付け
るようにしてください。これは**ファイル拡張子**と呼ばれるもので、「.py」
は「このファイルはPythonのプログラムが記載されたもの」というこ
とを示しています。

　すると、「chapter03」フォルダに「height-average.py」という空のファイル
が作成され、VS Codeの編集ウィンドウはこのファイルを開いた状態になります。
ここにPythonの処理を記述していきます。
　編集ウィンドウにリスト 3-2 の内容を入力してください。内容は本書を読み
進めていくにつれ、理解できるようになります。今は「プログラムってこうな
るんだな」程度の軽い気持ちで、そのまま書き写してみてください。

リスト3-2　　height-average.py

```python
heights = {"taro": 168, "jiro": 171, "takashi": 165}
total = 0
for i in heights.values():
    total += i

average = total / len(heights)
print(f"平均身長は {average}cm です。")
```

　書き写したら、Windowsでは［Ctrl］+［S］キー、macOSでは［Command］
+［S］キーで保存をします。これで「height-average.py」を実行する準備がで
きました。

❷ テキストファイルに記述したPythonプログラムを実行する

　準備ができたら、実際にプログラムを実行してみましょう。プログラムを実
行するには、python コマンドに保存したファイルを渡す必要があります。
　ここでまたターミナルの出番です。これまでと同様、メニューの［ターミナル］

＞［新しいターミナル］をクリックしてターミナルを表示しましょう。

ターミナルを表示

　ターミナルが起動したら、今開いているフォルダをファイルを保存している
フォルダに変更します。次の内容を入力し、［Enter］キーを押してください。

［Windows / macOS 共通］ターミナルで入力

```
cd chapter03
```

実行結果　Windowsの例

```
PS C:\Users\surapy\Documents\surasura-python> cd chapter03
PS C:\Users\surapy\Documents\surasura-python\chapter03>
```

　フォルダの変更ができたら、pythonコマンドに先ほど保存した「height-average.
py」を指定し、［Enter］キーを押して実行します。Windows と macOS で入力
内容が異なる点に注意してください。［Enter］キーを押すと、次のように表示
されるはずです。

［Windows］ターミナルで入力

```
python height-average.py
```

［macOS］ターミナルで入力

```
python3 height-average.py
```

実行結果

```
平均身長は 168.0cm です。
```

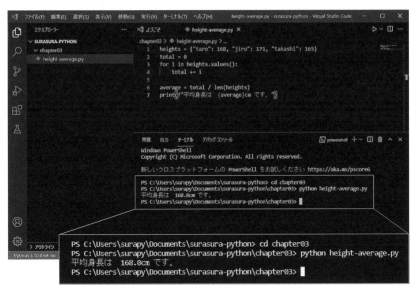

「height-average.py」の実行と実行結果

　それらしい数値が表示されていますね。［height-average.py］はインタラクティブシェルと比較すると多くの処理を実行していますが、ファイルに保存することによって1回のコマンド入力で確実に処理できます。この「height-average.py」ファイルは、他のPythonが動くパソコンにコピーしても全く同じ動きをします。

　これで、簡単ではありますが「taro、jiro、takashiの3人の身長の情報から平均身長を計算する」ための、Python製ソフトウェアの出来上がりです。「プログラミングをする」ということが少しでもイメージできたでしょうか。

Column

プログラムが思ったように動かないときは

「リスト3-2のとおりにファイルを保存したはずなのに、実行結果が違う」「よくわからないメッセージが出てしまう」という方もいるかもしれません。目視で書籍の内容を書き写す場合、どうしてもタイプミスや細かな記号の見間違いなどを起こしがちです。特にプログラムコードの場合は、1文字打ち間違えるだけでも全く動かないものとなってしまうこともよくあります。

コピー&ペーストを使わずに手入力をしたプログラムがうまく動かない場合、次のことを落ち着いて確認してみるとよいでしょう。

- 全角の英数やスペースが混ざっていないか*
- おかしなところにスペースや改行が入っていないか
- 「:」と「;」を間違えていないか
- 「.」と「,」を間違えていないか
- 括弧の閉じ忘れはないか

Column

ターミナルでできることとPythonの インタラクティブシェルでできることの違い

通常のターミナルとPythonのインタラクティブシェルは、同じターミナルの画面で操作を行います。しかし、できることが異なります。画面は非常に似ていますが、全く別世界にいる状態になっているのです。それぞれについてできることを改めて示すと、次のとおりです。

ターミナル

WindowsやmacOSなどのOSが提供するパソコンの操作を、コマンドラインで行います。フォルダの変更や、アプリケーションの実行などが行えます。Pythonに関連するものとしては、スクリプトの実行やpipコマンドを利用したライブラリのインストールを行う際に利用します。

インタラクティブシェル

対話的にPythonのプログラムを実行できます。スクリプトといったファイルを作らずとも動かすことができるため、Pythonの機能やライブラリの挙動を実際に動かして確認する際に重宝します。ターミナルと同様のパソコンの操作を行うこともできますが、それらは全てPythonの機能を通じて行う必要があります。

ターミナルとインタラクティブシェルを頻繁に行き来すると、自分がどちらの画面にいるのかがよくわからなくなってしまうかもしれません。その際には落ち着いてプロンプトを確認してみましょう。>>>と表示されている場合はインタラクティブシェルにいます。そうでない場合はターミナルです。

---

* プログラムにおける英数字には基本的に半角を使います。

3 プログラミングを始めるためのCLIの基礎

シーエルアイ

ここではPythonから少し離れて、CLI（シーエルアイ）を使ったパソコンの使い方について説明をしていきます。CLIに慣れている方は、本節を飛ばして次の3-4に進んでください。

CLIとはCommand Line Interfaceの略で、文字の入力を基に「ファイルを開く」「アプリケーションを起動する」といったパソコンの基本的な操作をすることを指します。3-1で、Pythonがインストールされたことを確認する際も扱いましたね。一方、普段私たちがマウス等を利用してグラフィカルにパソコンを扱う操作をGUI（ジーユーアイ）（Graphical User Interface）と呼びます。

なぜこのようなことを説明するのかというと、プログラミングを学んでいくとコマンドを入力して操作する機会が多くなるからです。さらに、プログラミングについて検索エンジンでわからないことを調べると、CLIが前提の回答が多いことに気づくことでしょう。そのため、基本的なCLIの扱い方を覚えておくと、プログラムの学習を進める際の助けとなるのです。

CLIを操作するためのウィンドウ

実際に普段利用しているパソコンの操作をCLIで行ってみましょう。VS Codeを起動し、メニューの［ターミナル］＞［新しいターミナル］をクリックしてみてください。OSによって表示されている文言に違いはあるにせよ、基本的にテキストのみが表示される領域が出現します。

Windows のターミナル in VS Code

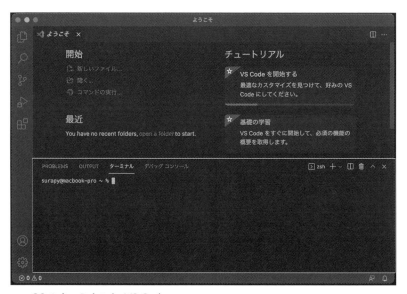

macOS のターミナル in VS Code

3 プログラミングを始めるためのCLIの基礎

この画面には**コマンド**と呼ばれる、パソコンに対する命令を文字で入力できます。普段ダブルクリック等で行うアプリケーションの起動やファイルのコピーなどのパソコンの操作は、コマンドを通じて行うこともできるのです。

　このようなコマンド入力する画面を、一般的に**端末**や**ターミナル**と呼ぶことが多いです。本書ではターミナルという呼び方で統一します。「...ターミナルに次のコマンドを入力します。」のような表現が出てきたら「お、コマンドを入力するあの画面を使うんだな。」と思ってください。

Column

「Windows PowerShell」 と 「ターミナル.app」

ターミナル画面はVS Codeを使わずとも利用できます。Windowsの場合は「Windows PowerShell」、macOSの場合は「ターミナル.app」というアプリケーションが標準で利用できます。

[Windows] PowerShell を起動

[macOS] ターミナルを起動

コマンドラインをフル活用した複雑な操作を行う場合は、これらの「Windows PowerShell」「ターミナル.app」をを利用するほうがよい場合も多いです。しかしながら本書においては、Pythonの学習を進めるための必要最低限のコマンドしか利用しません。VS Codeの機能として利用可能なターミナルも十分な機能を有しており、1つのアプリケーション内でPythonの学習が完結するという点で、本書ではVS Codeのターミナルを利用することを前提に話を進めています。

ターミナルの見方

　VS Codeのターミナルを起動した状態は、Windowsではエクスプローラー、macOSではFinderを開いた状態に近いです。必ず、パソコン内のどこかのフォルダを開いた状態で起動します。例として、Windowsの場合はエクスプローラーで、macOSの場合はFinderで開いている画面と同じフォルダをターミナルで開いている状態を比較してみます。

　ここでは最初に用意した、Windowsの場合は［ドキュメント］の中にある「surasura-python」フォルダ、macOSの場合は［書類］の中にある「surasura-python」フォルダを開いています。

[Windows] エクスプローラーで「surasura-python」フォルダを開いた

[Windows] ターミナルで「surasura-python」フォルダを開いた

[macOS] Finder で「surasura-python」フォルダを開いた

[macOS] ターミナルで「surasura-python」フォルダを開いた

　最後の行には左寄せで何か文字が表示され、その後に続いてブロック型のカーソルが表示されています。カーソルより左側の部分は**プロンプト**と呼ばれ、パソコンが入力を待ち受ける際の情報を表示しているものです。Windows、macOS共に、今開いているフォルダの場所がファイルパスと呼ばれる形式で表示されています。

　プロンプトの隣に表示されているブロック型のカーソルは、コマンドの入力を待ち受けている状態にあるということを示します。実際にこの位置からコマンドを入力していくことになります。

● ファイルパス

　ファイルパスは、ファイルやフォルダが今パソコンのどの位置にいるものなのかということを文字で示したものです。フォルダを基にした階層構造となっているのが一般的です。ただし、WindowsとmacOSでは表現の仕方が異なるため、注意をする必要があります。次にそれぞれの特徴を示します。

Windowsの場合は、次のように表示されます。

```
C:\Users\(パソコンのユーザー名)
```

Windowsは、システムが利用しているディスクを一番上の階層にして管理する方式でファイルパスを表します。先頭にあるアルファベットと：（ここでは「C:」）は、パソコンが利用しているディスクの名前を示しています。その後にフォルダの階層を\区切りで表示していき、最後にファイル名が付きます。

> **注意** \はシステム的に￥と同じ文字として認識されます。そのためシステムで設定しているフォントの種類によっては、\ではなく￥で示される場合もあります

macOSの場合は、次のように表示されます。

```
/Users/(パソコンのユーザー名)
```

macOSではファイルパスにディスクの情報は表示されません。上記のように単純に上から順にフォルダ名を/で区切って表現します。Windowsとは違い、ディスクの情報は特に表示されません。

Column

ホームフォルダ

先ほど説明した、Windowsの「C:\Users\(パソコンのユーザー名)」とmacOSの「/Users/(パソコンのユーザー名)」は、フォルダを指定せずにターミナルを起動すると最初に開かれるフォルダです。このフォルダには特別な呼び名があり、**ホームフォルダ**、または**ホームディレクトリ**と呼ばれます（フォルダのことをディレクトリと呼ぶこともあります。後述する「用語解説　ディレクトリ」参照）。フォルダやディレクトリを省略して、単純に**ホーム**と呼ばれることも多いです。
ホームフォルダには省略表記があり、~で表します。例えば、次の2つのファイルパスは全く同じものを意味します。

［Windows］ユーザー名が surapy の例

```
C:\Users\surapy\Documents
~\Documents
```

［macOS］ユーザー名が surapy の例

```
/Users/surapy/Documents
~/Documents
```

CLIの基本的な使い方

　CLIの利用方法はOSによって異なります。しかし本書で扱う範囲では、WindowsでもmacOSでも共通に存在するコマンドで十分な操作が可能です。最低限、次のものは押さえておくとよいでしょう。

● cdコマンド

　cdコマンドはchange diretcoryの略で、ターミナルで開いているフォルダを変更するというものです。実際に利用している例を示しましょう。

ターミナルで入力

```
cd Documents
```

実行結果 ［Windows］ユーザー名がsurapyの例

```
PS C:\Users\surapy> cd Documents ← ここまで入力したら［Enter］キーを押す
PS C:\Users\surapy\Documents> ← Documentsフォルダに移動した
```

実行結果 ［macOS］ユーザー名がsurapyの例

```
surapy@macbook-pro ~ % cd Documents ← ここまで入力したら［Enter］キーを押す
surapy@macbook-pro Documents % ← Documentsフォルダに移動した
```

cdコマンドによる開いているフォルダの変更は、「現在開いているフォルダの移動」とみることができます。そのため、単純に「フォルダを移動する」と表現することも多いです。

　また、現在のフォルダからその中にあるフォルダへ移動する場合は、単純にフォルダ名を指定するだけでよいです。このようなファイルパスを**相対パス**と呼びます。対して省略せずにすべてを記載する形式を**絶対パス**と呼びます。先ほど紹介したcdによるフォルダの移動は、絶対パスを用いて次のとおりに実行することもできます。

Windows で絶対パスで cd をする例

```
PS C:\Users\surapy> cd C:\Users\surapy\Documents
PS C:\Users\surapy\Documents>
```

macOS で絶対パスで cd をする例

```
surapy@macbook-pro ~ % cd /Users/surapy/Documents
surapy@macbook-pro Documents %
```

● ls コマンド

　ls コマンドは list directory contents の略で、今開いているフォルダの中に存在するファイルおよびフォルダの名前を、一覧として表示するコマンドです。Windows と macOS で表示が異なる点に注意してください。

ターミナルで入力

```
ls
```

実行結果 ［Windows］ユーザー名がsurapyの例

```
PS C:\Users\surapy\Documents> ls

    ディレクトリ: C:\Users\surapy\Documents


Mode                 LastWriteTime         Length Name
----                 -------------         ------ ----
d-----         2021/01/28     13:48                surasura-python
```

```
surapy@macbook-pro Documents % ls
surasura-python
```

● pwdコマンド

　pwdコマンドはprint working directoryの略で、今ターミナルで開いているフォルダのパスを表示します。プロンプトに表示されてはいますが、macOSの場合は省略形でファイルパスが表示されるケースもあります。

　pwdコマンドは、cdコマンドであちこちにフォルダを変更した後に改めて今開いているフォルダのパスを確認したいときにも重宝します。

ターミナルで入力

```
pwd
```

実行結果 [Windows] ユーザー名がsurapyの例

```
PS C:\Users\surapy\Documents> pwd

Path
----
C:\Users\surapy\Documents
```

実行結果 [macOS] ユーザー名がsurapyの例

```
surapy@macbook-pro surasura-python % pwd
/Users/surapy/Documents/surasura-python
```

【 用 語 解 説 】
ディレクトリ

　pwdコマンドはpriint working directoryの略と紹介しました。ディレクトリ（=Directory）とはフォルダのもう1つの呼び方で、どちらの呼び方でも実質的な意味に違いはありません。
　ファイルパスに関する用語には「ディレクトリ」が用いたものが多くあるので、覚えておくとよいでしょう。

● exit コマンド

exit コマンドは、CLIの操作を終了するときに利用するコマンドです。

CLI の基礎のまとめ

この3-3では、プログラミングと直接関係ない新しい知識が大量に出てきて疲れてしまったかもしれません。ここで、この節で登場した内容を簡単にまとめます。

- CLI は Command line Interface の略で、コマンドでパソコンを操作すること
- CLI を利用するには VS Code のターミナルを利用する
- CLI で操作する画面をターミナルと呼ぶ
- ターミナルでカーソルの左側に表示される文字をプロンプトと呼ぶ
- プロンプトには、今開いているフォルダなどのパソコンの情報が表示される

- cd, ls, pwdコマンドで基本的な操作が行える。それぞれ「開いているフォルダの変更」「今開いているフォルダのファイル一覧の表示」「今開いているフォルダの確認」ができる

　これらの内容は、一度に完璧に理解する必要はありません。本書を読み進めるうえでCLIを利用して困ったことが発生したときに、本節に戻って読み返してみましょう。

まとめ

　次の第4章からは、基本的なPythonの処理を解説していきます。少し単調に思える内容が続きますが、Pythonはシンプルな構文が多く、いくつかの基本的な処理を押さえればすぐに簡単なスクリプトを書けるようになります。

　もし、本章でプログラムを書き写してみて「難しそう、大丈夫かな」と思ったとしても大丈夫です。本書では頻繁に使う基本的な処理を、1つずつ押さえながら進めていきます。

　本書を読み終わる頃には、今書いてみたプログラムが理解できるようになるのはもちろん、もっとPythonがスラスラ書けるようになるはずです。

　最後に、この章で扱ったことを振り返ってみましょう。

- Pythonのプログラムの実行方法
    - インタラクティブシェルと呼ばれる対話式に1行ずつ処理を実行していく方法
    - スクリプトと呼ばれる処理の内容を記載したテキストファイルを作って python コマンドから実行する方法
- CLIと呼ばれる、コマンドを使ったパソコンの扱い方

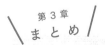

第3章
まとめ

Check Test

Q1 Pythonを実行する方法には2種類あります。どのような方法か、簡単に説明してください。

Q2 コマンドラインでパソコンを操作する画面を何と呼ぶでしょう。

Q3 ls コマンドは何をするためのコマンドでしょう。

第 4 章

型とメソッド

Pythonの文法を学んでいく前に、プログラミングの基本となる型について勉強していきましょう。解説を読むだけでなく、インタラクティブシェルで実行し、プログラムの基礎を体感していきましょう。

4 — 1 数値

プログラミングには型という概念があります。本章ではインタラクティブシェルでPythonのコードを実行しながら、整数型や文字列型について理解を深めていきます。実例を見ていきましょう。

まずは第3章で説明したようにVS Codeのターミナル上でPythonを実行し、インタラクティブシェルを起動しましょう。

ターミナル（Windows）

```
python
```

実行結果　Windowsの例

```
PS C:\Users\surapy\Documents\surasura-python> python
Python 3.10.0 (tags/v3.10.0:b494f59, Oct  4 2021, 19:00:18)
 [MSC v.1929 64 bit (AMD64)] on win32
Type "help", "copyright", "credits" or "license" for more
information.
>>>
```

ターミナル（macOS）

```
python3
```

実行結果　macOSの例

```
surapy@macbook-pro surasura-python % python3
Python 3.10.0 (v3.10.0:b494f5935c, Oct  4 2021, 14:59:20)
 [Clang 12.0.5 (clang-1205.0.22.11)] on darwin
Type "help", "copyright", "credits" or "license" for more
information.
>>>
```

上のような文字が出て入力部に［>>>］が出ていればインタラクティブシェルが起動できています。

整数（int）型で四則演算を行う

プログラミングで扱うデータにはいくつかの種類があり、それぞれを**型**といいます。まずは理解しやすい型である数値についてみていきます。次のコードを実行してみましょう。

インタラクティブシェル

```
1
```

実行結果

```
>>> 1
1
```

ターミナルには1と表示されるはずです。この1が数値を表す**整数（int）型**です。数値を使って他にはどんなことができるでしょうか。まずは足し算をしてみましょう。次のコードを実行してください。

インタラクティブシェル

```
1 + 1
```

実行結果

```
>>> 1 + 1        ←── 足し算
2
```

実行結果のように1＋1の結果である2が表示されるはずです。

引き算や掛け算なども見ていきましょう。次のコードを実行してください。

インタラクティブシェル

```
2 - 3
```

```
>>> 2 - 3 ←—— 引き算
-1
```

掛け算は、*で表現します。

インタラクティブシェル

```
2 * 3
```

実行結果

```
>>> 2 * 3 ←—— 掛け算
6
```

足し算と掛け算を計算する場合は、まずは掛け算から計算されます。

インタラクティブシェル

```
1 + 3 * 2
```

実行結果

```
>>> 1 + 3 * 2 ←—— 掛け算が先に計算される
7
```

足し算を先に計算したい場合は、先に計算したい箇所を()でくくります。

インタラクティブシェル

```
(1 + 3) * 2
```

実行結果

```
>>> (1 + 3) * 2 ←—— 足し算が先に計算される
8
```

割り算は、/で表現します。

インタラクティブシェル

```
8 / 2
```

実行結果

```
>>> 8 / 2    ← 割り算
4.0
```

割り算の場合、小数を使った形で表示されます。

インタラクティブシェル

```
9 / 2
```

実行結果

```
>>> 9 / 2    ← 割り算（小数を考慮する）
4.5
```

小数点以下を切り捨てたい場合は、/を2つ並べることで計算できます。

インタラクティブシェル

```
9 // 2
```

実行結果

```
>>> 9 // 2    ← 割り算（小数点以下を切り捨てる）
4
```

割り算の余りを計算する場合は、%を使います。

インタラクティブシェル

```
9 % 2
```

実行結果

```
>>> 9 % 2
1
```

べき乗を計算する場合は、** を使います。

インタラクティブシェル

```
9 ** 2
```

実行結果

```
>>> 9 ** 2
81
```

⁴—2 文字列

プログラミングでは、単語や文章といった文字の連なったものを**文字列 (str)**
と呼びます。文字列は、シングルクオーテーション（'）かダブルクオーテーショ
ン（"）で囲むことによって表現できます。

インタラクティブシェル

```
print("Hello")
```

実行結果

```
>>> print("Hello")
Hello
```

数字に関しても文字列で表現できます。

インタラクティブシェル

```
print("13")
```

実行結果

```
>>> print("13")
13
```

この実行結果は数値を実行したものと同等に見えますが、プログラミング上
は数値と文字列で違う型として認識されます。

試しに、文字列で表した13と13を足し算してみましょう。

インタラクティブシェル

```
print("13" + "13")
```

第 4 章　型とメソッド

```
>>> print("13" + "13")
1313
```

結果は数値のようには足し算されず、13 と 13 という文字が合わされただけ
です。

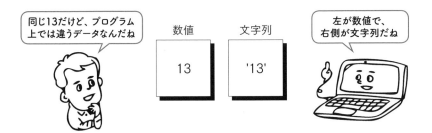

同じ13だけど、プログラム
上では違うデータなんだね

数値

文字列

13

'13'

左が数値で、
右側が文字列だね

文字列における足し算と掛け算

数値のような四則演算とはいきませんが、文字列を便利に扱うために、文字
列でも足し算と掛け算の演算が使えます。

インタラクティブシェル

```
print("13" + "番目")
```

実行結果

```
>>> print("13" + "番目")
13番目
```

足し算は文字列と文字列を組み合わせるだけなので、直感的に理解できます。
掛け算はどうでしょうか。

```
print("ヤァ!" * 3)
```

実行結果

```
>>> print("ヤァ!" * 3)
ヤァ!ヤァ!ヤァ!
```

　予想どおりの結果になったでしょうか。数値の計算で2*3が2 + 2 + 2の結果を表すので、文字列で "ヤァ!" * 3としたときには、"ヤァ!" + "ヤァ!" + "ヤァ!"と同等になります。

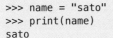

3 変数

変数はデータを箱に入れて名前を付けるようなものです。Pythonにおいては、「データにラベルを付ける」という言い方になりますが、ここでは「データを箱に入れて名前を付ける」と考えてください。**変数名 = データ**のようにして変数を設定でき、後からその変数名でデータを参照できます。

インタラクティブシェル

```
name = "sato"
print(name)
```

実行結果

```
>>> name = "sato"
>>> print(name)
sato
```

name変数を作り、"sato"という文字列データを代入変数として使うこと、すなわちデータに名前を付けることはプログラミングにおいて重要な役割があります。

▍変数を使うメリット

例えば、単価が150円のものを2個買った場合と3個買った場合の値段を計算したいとします。

インタラクティブシェル

```
print(150 * 2)
print(150 * 3)
```

```
>>> print(150 * 2)
300
>>> print(150 * 3)
450
```

　ここで使用した150円という単価を200円に変更したい場合は、それぞれの
式に書いた150の部分を書き換える必要があります。一つひとつの数字を修正
するのは大きなプログラムだと面倒になりますし、修正ミスも起こりやすくな
ります。このようなときに変数を使えば、修正する箇所を1つにでき、手間や
ミスの原因をなくせます。
　先ほどの単価の部分を変数に変更してみましょう。最初は150円の場合です。

インタラクティブシェル

```
price = 150
print(price * 2)
print(price * 3)
```

```
>>> price = 150
>>> print(price * 2)
300
>>> print(price * 3)
450
```

　次に、150円を200円に変更してみます。

インタラクティブシェル

```
price = 200
print(price * 2)
print(price * 3)
```

```
>>> price = 200
>>> print(price * 2)
400
>>> print(price * 3)
600
```

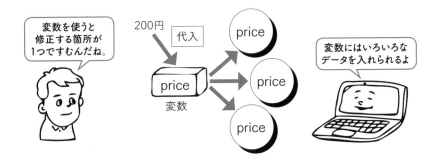

　ここではpriceという名前の変数を作成し、200という数値を格納しています。この、変数にデータを入れるプロセスを**代入**と呼びます。その後、priceという名前で何度も200という数値を呼び出せます。変数には数値だけでなく文字列やまだ紹介できていない、いろいろなものを代入できます。

インタラクティブシェル

```
price = 200
number = 2
print(price * number)
```

実行結果

```
>>> price = 200
>>> number = 2
>>> print(price * number)
400
```

　ここではnumberという変数を作成し、2を代入してpriceと計算させています。print関数を実行すると、なにが表示されるでしょうか。変数（priceとnumber）の中身を考えると、ここで行っているのは「200 * 2」です。よって、

この式の計算結果である400が表示されます。

変数は代入した値の変更もできます。例を見てみましょう。

インタラクティブシェル

```
price = 200
number = 2
print(price * number)
number = 3
print(price * number)
```

実行結果

```
>>> price = 200
>>> number = 2
>>> print(price * number)
400
>>> number = 3
>>> print(price * number)
600
```

　ここまで、「変数にはいろいろなものを代入できます」といった表現を使ってきました。ここでいう「もの」は、**オブジェクト**と呼ばれます。ここで使用しているnumber変数は、整数型オブジェクトと呼びます。

　　　　　　　　　　　　　3 変数

4 — 4 数値と文字列の相互変換

　型にはいろいろな種類があります。ここまでに、数値と文字列が出てきました。例えば次のコードを実行して表示される内容は同じものに見えますが、数値と文字列で別のデータです。

インタラクティブシェル

```
number_str = "3"
print(number_str)
```

実行結果

```
>>> number_str = "3"
>>> print(number_str)
3 ←─ 文字列の3
```

インタラクティブシェル

```
number_int = 3
print(number_int)
```

実行結果

```
>>> number_int = 3
>>> print(number_int)
3 ←─ 数値の3
```

　変数を結合して文字列にしてみると、その違いが実感できます。先に文字列同士の結合をしてみましょう。

インタラクティブシェル

```
number_str = "3"
print("python" + number_str)
```

```
>>> number_str = "3"
>>> print("python" + number_str)
python3
```

　期待したような結果でしょうか。これは、4_2で行った文字列同士の結合と同じことなので難しくはありません。では、文字列と数値の結合はどうでしょうか。

インタラクティブシェル

```
number_int = 3
print("python" + number_int)
```

実行結果

```
>>> number_int = 3
>>> print("python" + number_int)
Traceback (most recent call last):
  File "<stdin>", line 1, in <module>
TypeError: can only concatenate str (not "int") to str
```

　エラーが出てしまいました。Pythonでは文字列と数値を+演算子で結合できないためです。

Column

エラーが出たときの注意

エラーが出たときは、慌てずにエラーの中身を確認するのが大切です。
「print("python" + number_int)」のときは、「TypeError: can only
concatenate str (not "int") to str」というメッセージが出ています。こ
のメッセージは「strが結合できるのはstrだけで、intは結合できません」
という意味です。
この場合は、結合する変数の型が違っているので、明示的な型変換を
してから結合すれば解決します。しかし、プログラミングを始めたばか
りの頃は、原因が判明しても解決方法がわからないという場合も多
いでしょう。そんなときは、エラーメッセージをそのまま検索してみ
ると解決策が見つかりやすいです。

この状態を解決するには、別々の型を同じ型にそろえる必要があります。ここでは、数値などのオブジェクトを文字列に変換する str() を使うことで解決できます。str(number_int) とすることで、数値型オブジェクトの3から文字列オブジェクトの "3" に変換されます。

```
number_int = 3
print("python" + str(number_int))
```

実行結果

```
>>> number_int = 3
>>> print("python" + str(number_int))
python3
```

今度はうまくいきましたね。逆に、文字列を数値のオブジェクトに変換するには int() を使用します。次のような計算も可能です。

```
number_str = "3"
print(1 + int(number_str))
```

実行結果

```
>>> number_str = "3"
>>> print(1 + int(number_str))
4
```

変数を文字列に f-string 記法で埋め込む

数字が入った変数を扱う度に str() を付ける必要があるかを考えるのは、少し大変です。そこで、Python3.6以降で使用できる f-string（エフストリング）と呼ばれる記法を使うと、スムーズに文字列と変数を結合できます。

f-stringの記法は、次のようになります。

f"文字列{変数}文字列"

インタラクティブシェル

```
number = 3
buried = f"numberの中身は{number}です"
print(buried)
```

実行結果

```
>>> number = 3
>>> buried = f"numberの中身は{number}です"  ←── 中身が入る
>>> print(buried)
numberの中身は3です
```

　変数numberは文字列型への変換をしていませんが、f-string記法によって文字列と結合されています。これは型の変換をf-string側で行っているためです。この記法を使うと「文字列と結合する変数にstr()を付けるか付けないか」といったことに気を取られることがなくなり、コードを書くのに集中できます。業務やオープンソースライブラリ等のコードでもよく使われているので、この書き方に慣れていきましょう。

　f-stringで複数の変数を扱いたいときは次のようにします。

インタラクティブシェル

```
number_1 = 5
number_2 = "12"
buried = f"最初の変数は{number_1}です。次の変数は{number_2}です"
print(buried)
```

実行結果

```
>>> number_1 = 5
>>> number_2 = "12"
>>> buried = f"最初の変数は{number_1}です。次の変数は{number_2}です"
>>> print(buried)
最初の変数は5です。次の変数は12です
```

文字列オブジェクトが持つ便利な機能を使う

　文字列オブジェクトに限らず、Pythonのオブジェクトはメソッドと呼ばれる便利な機能を持っています。メソッドという言葉が出てきましたが、この章のタイトルにあるとおり、型とメソッドは密接に関係しています。メソッドとは、**オブジェクト自身が持っている機能であり、オブジェクトの内容を操作するも**のです。文字列にわかりやすい変化を与えるものから見てみましょう。

◐ upperメソッド、lowerメソッド
　upperメソッドは文字列の英字を大文字に変換し、lowerメソッドは小文字に変換します。

インタラクティブシェル

```
test_str = "Title"
print(test_str.upper())
print(test_str.lower())
```

実行結果

```
>>> test_str = "Title"
>>> print(test_str.upper())
TITLE
>>> print(test_str.lower())
title
```

◐ stripメソッド、lstripメソッド、rstripメソッド
　stripメソッドは、文字列の前後の余分なスペースを取り除きます。

インタラクティブシェル

```
test_str = " include space   "
print(test_str.strip())
print(test_str.lstrip())
print(test_str.rstrip())
```

```
>>> test_str = " include space    "
>>> print(test_str.strip())
include space
>>> print(test_str.lstrip())
include space␣␣␣    ← 先頭（文字列の左）のスペースを取り除いた
>>> print(test_str.rstrip())
␣include space    ← 最後（文字列の右）のスペースを取り除いた
```

　わかりづらいですが、test_str変数は最初に半角スペースが1つ、最後に半角スペースが3つ付いています。こういった両端にある余分なスペースを全て取り除くのがstripメソッドです。lstripメソッドは先頭にあるスペース群だけ、rstripメソッドは最後のスペース群だけを取り除きます。

● zfillメソッド

　zfillメソッドは()の中に桁数を指定することで0埋めした文字列が得られます。ファイル名を連番で作成するときなどに便利です。

インタラクティブシェル

```
print("3".zfill(3))
print("13".zfill(3))
print("103".zfill(3))
```

```
>>> print("3".zfill(3))
003
>>> print("13".zfill(3))
013
>>> print("103".zfill(3))
103
```

● replaceメソッド

　replaceメソッドは、()の中の対象の文字列を指定した文字列に置換します。

```
print("hello".replace("e", "o"))
print("hello".replace("e", ""))
print("hello".replace("l", ""))
```

実行結果

```
>>> print("hello".replace("e", "o"))  ← eをoに置換する
hollo
>>> print("hello".replace("e", ""))  ← eを消去する
hllo
>>> print("hello".replace("l", ""))  ← 2文字以上あっても消去・置換が行われる
heo
```

第4章 型とメソッド

　文字列オブジェクトのメソッドは他にもたくさんありますが、よく使うものを表にまとめました。「得られるオブジェクト」としてブールオブジェクト、リストオブジェクトというものが出てきますが、それぞれ第5章と第6章で説明します。今は、そんなオブジェクトもあるのだと思っておけばよいでしょう。

文字列オブジェクトのメソッド

メソッド	効果	得られる オブジェクト
str.isdigit()	文字列が数値変換可能かを判断する	ブールオブジェクト
str.startswith(" 対象文字列 ")	文字列が対象文字列で始まっているかを判断する	ブールオブジェクト
str.endswith(" 対象文字列 ")	文字列が対象文字列で終わっているかを判断する	ブールオブジェクト
str.split(" 対象文字列 ")	文字列を対象文字列で分割する	リストオブジェクト
str.join(リストオブジェクト)	リストオブジェクトを文字列で結合する	文字列オブジェクト

　また、型の種類についてまとめると、次の表のとおりです。

Python の組み込みデータ型

種類	型名	表記	例	特徴
数値系	整数型	int 型	0, 4, -1	整数を扱う
	浮動小数点数型	float 型	1.4, 0.0, -9.3	小数部をもつ数値を扱う
文字列などのデータ系列	文字列型	str 型	"abc", "日本語"	文字列を扱う
	バイト型	bytes 型	b"stream data"	バイナリデータを扱う
コンテナ	リスト型	list 型	[1, 2, "abc"]	順序を持つ、変更可能
	タプル型	tuple 型	(1,2 "abc")	順序を持つ、変更不可能
	辞書型	dict 型	{"apple": 100, "orange": 30}	キーと値のペア
	集合型	set 型	{1, 4, 2}	順序を持たない、重複不可
その他	ブール型	bool 型	True/False	True か False だけを扱う
	NoneType 型	NoneType 型	None	何もないことを表す
	複素数型	complex 型	10+3j	複素数を扱う

数値と文字列の相互変換

この章では型とメソッドについて学びました

✔ プログラムには型という概念があり、
　異なる型を単純に足すことはできません

✔ 変数はデータを入れて名前を付けられる箱のようなものです

✔ f-string構文を使うとスムーズに文字列と変数を
　結合できます

■ **Check Test**

Q1 以下の計算をPythonのインタラクティブシェルで実行してみましょう。

```
10 + 5
10 / 3
3 * (5 + 1)
```

Q2 以下の計算をPythonのインタラクティブシェルで実行してみましょう。また、それぞれどのような計算を行っているのか説明してみましょう。

```
10 // 3
10 % 3
```

Q3 "10" + "5" の計算を行い、結果を表示しましょう。

Q4 numberという変数に数値の10を代入した後、number + 5 の計算を行い、結果を表示しましょう。

Q5 number + "5" の計算を実行し、"105"と表示されるように numberのオブジェクトを文字列型に変換しましょう。

Q6 文字列型オブジェクトのreplaceメソッドを使って、"hello" を "cello" に変更してみましょう。

第 **5** 章

条件分岐

これまで簡単な文字列を表示させてきましたが、これでは決まった内容しか表示させられません。もっと自由自在に処理内容を変化させるために、条件分岐について学びましょう。

この章で学ぶこと

1＿条件分岐の仕組みを理解する

2＿条件分岐の文法を学ぶ

3＿インデントとブロックを学ぶ

5 ___ 1 条件分岐とは

条件分岐とは、実行しているプログラム上で条件に応じて処理内容を変えることを指します。こう書くと少し難しそうに聞こえますが、日常生活でも同様のことを何気なく考えていることがあります。例えば、ランチへ行くときに次のような選択をしていることがあるでしょう。

- 定休日じゃない店を選ぼう
- 雨が降っていたら近いところですませよう
- 誰かと食べに行くなら人数によって店を変えよう
- メンバーの誰かが食べられない料理を出すお店は避けよう

今日は雨が降っているから、近くのレストランに行こう

天気や食事に行くメンバーの人数によって店を決めるプログラムを書こうと思ったら、条件分岐の**if文**を用いることで実現できます。例えば、「4人までならAのお店に行こうと思っているが、それ以上人が増えたらBの店にしよう」という考えをPythonで表すと次のようになります。

インタラクティブシェル

```
member = 3
store = "A"
if member > 4:
    store = "B"

print(f"{store}の店に行く")
```

```
>>> member = 3
>>> store = "A"
>>> if member > 4:
...     store = "B"
...
>>> print(f"{store}の店に行く")
Aの店に行く
```

コードの中ほどに［if member > 4:］という行が出てきました。これが条件分岐のif文です。

```
if 条件式:
    if文の処理内容
```

条件式はブロックで書く

構文としては［if 条件式:］となっています。**条件式**とは、ここに書かれた条件が正しければブール型のTrue、そうでなければFalseを返すものです。条件式がTrueのときはインデントを下げたif文の中身が実行されます。このインデントを下げた部分は**ブロック**と呼ばれ、if文内の処理をまとめて複数行書けます。

Pythonでは、このようにブロックとしてまとめた処理はインデントを下げた状態で表します。これは第1章で説明したように見た目を整えるためにそうしているわけではなく、処理内容に関わる構文です。そのためブロックを表す場合は必ずインデントを下げます。このインデントは半角スペース4つにするのが推奨スタイルになっています。インデントが元に戻るとブロックを抜けたことになり、通常実行される部分に戻ります。上の例では［print(f"{store}の店に行く")]のところはif文を抜けているので、条件式がTrueかどうかに関わらず実行されます。

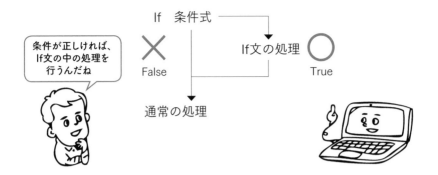

条件式について詳しく見てみましょう。上の例では［member > 4］が条件式の部分です。これは「member変数が4より大きいかどうか」を判断しています。その2行前で3がmember変数に代入されているので、実質的には3 > 4、つまり「3が4より大きいか」を判断していることになります。これはもちろん正しくないので［member > 4］はFalseを返します。条件式がFalseを返したので、if文以下の中身（ブロック）の処理である［store = "B"］は実行されないことになります。

次に、if文の中に入る場合、つまり［member > 4］がTrueになるものを見てみましょう。先ほどのコードからmember変数に代入する値を5に変更します。

インタラクティブシェル

```
member = 5
store = "A"
if member > 4:
    store = "B"

print(f"{store}の店に行く")
```

実行結果

```
>>> member = 5
>>> store = "A"
>>> if member > 4:
...     store = "B"
...
>>> print(f"{store}の店に行く")
Bの店に行く
```

今度は［member > 4］の結果がTrueになったため、if文の中にある［store = "B"］が実行されてstore変数の中身がBに変わっています。このように、条件によってプログラムの挙動を変更させることを**条件分岐**と呼びます。

【 用 語 解 説 】
ブール型

構文を説明するためにブール型という言葉が出てきました。ブール型は今までに出てきた整数型や文字列型のように、オブジェクトの型の1つです。TrueまたはFalseのどちらかの値を持ちます。

　　　　　　　　　　　　| 　条件分岐とは

5 — 2 いろいろな比較

条件式にはいろいろな演算子が使えます。さまざまな比較を試してみましょう。

主な比較演算子

記号	内容	例	結果
<	左辺が右辺より小さい場合にTrueになる	5 < 4	False
<=	左辺が右辺以下の場合にTrueになる	4 <= 4	True
>	左辺が右辺より大きい場合にTrueになる	5 > 4	True
>=	左辺が右辺以上の場合にTrueになる	4 >= 4	True
!=	左辺と右辺が等しくない場合にTrueになる	4 != 5	True
==	左辺と右辺が等しい場合にTrueになる	4 == 4	True

インタラクティブシェル

```
4 < 4
4 <= 4
4 != 4
4 == "4"
4 == 4
not 4 == 4
4 == 8 // 2
```

実行結果

```
>>> 4 < 4
False
>>> 4 <= 4
True
>>> 4 != 4
False
>>> 4 == "4"
False
>>> 4 == 4
True
```

```
>>> not 4 == 4
False
>>> 4 == 8 // 2
True
```

また、変数に条件式の結果を保存しておいて、後で利用することもできます。

Column

さらにいろいろな比較

例の中で、[not 4 == 4] という比較が出てきました。notは、あとに続く比較結果を反転するものです。比較演算子にはさらに種類があります。今すぐ覚える必要はありませんが、このような種類があることは頭の隅に置いておいてください。

比較演算子

記号	内容	例	用途
is	オブジェクトの同一性の比較	obj is None	Noneとの比較以外には使用することが少ない。否定の場合はis notを用いる
in	シーケンス要素の有無を判定	"b" in "abcde"	文字列要素に指定の文字が含まれているか、リスト要素に含まれているかなどに使用。否定の場合は not in を用いる
|、^、&	ビット演算。それぞれが、OR、XOR、AND となる		集合（set）で使用する

2　いろいろな比較

if文には先ほどの［if 条件式:］の他に［elif 条件式:］と［else:］という構文を付け足すことができます。構文をみてみましょう。

文法

```
if 条件式1:
    処理1
elif 条件式2:
    処理2
elif 条件式3:
    処理3
else:
    処理4
```

elifは「else if」の略で、if条件式の後に書きます。elifは条件式1に条件が当てはまらなかった場合、条件式2に当てはまるかをチェックします。条件式2でも当てはまらなければ条件式3へと上から順に評価されていき、どれかに当てはまったらその処理のみが実行されます。

文法で示した例では2つのelifが出てきていますが、複数個の条件式を付け足すことで、より複雑な条件分岐を表現できます。

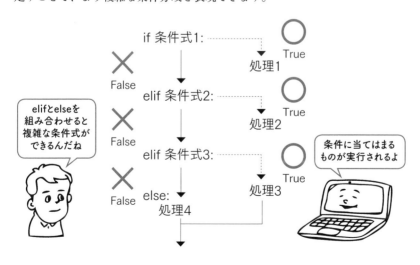

一番下にある［else:］は、どの条件式にも当てはまらなかった場合に中の処理が実行されます。具体例を見てみましょう。ランチの店を決める条件を複雑にしてみます。

- メンバーが1人だったらAの店
- メンバーが2人だったらBの店
- メンバーが4人までだったらCの店
- その他（メンバーが5人以上）だったらDの店

　Pythonでコードを書いてみましょう。次のようになります。

インタラクティブシェル

```
member = 3
if member == 1:
    store = "A"
elif member == 2:
    store = "B"
elif member <= 4:
    store = "C"
else:
    store = "D"

print(f"{store}の店に行く")
```

実行結果

```
>>> member = 3
>>> if member == 1:
...     store = "A"
... elif member == 2:
...     store = "B"
... elif member <= 4:
...     store = "C"
... else:
...     store = "D"
...
>>> print(f"{store}の店に行く")
Cの店に行く
```

　member変数の値をいろいろ変更してみて、期待する動作になるか確認してみてください。

条件の組み合わせ

　ランチの人数だけでなく曜日も考慮したい場合など、複数の条件を組み合わせて判定したい場合があります。これは次の2つの方法で実現できます。

- if文の中にさらにif文を設ける（ネスト）
- 1つのif文に条件式を複数設定する

　それぞれの方法を見てみましょう。

if文の中にさらにif文を設ける（ネスト）

　if文の中にさらにif文を設ける例を説明します。次の条件を考えてみましょう。

- メンバーが4人以上ならみんなでランチに行く店は、
  - 月曜日以外ならばAの店（定休日が月曜日）
  - 月曜日ならばBの店
- メンバーが4人未満ならCの店に行く

　Pythonでコードを書くと次のようになります。

インタラクティブシェル

```
member = 4
today = "月"
if member >= 4:
    if today != "月":
        store = "A"
    else:
        store = "B"
else:
    store = "C"

print(f"{store}の店に行く")
```

```
>>> member = 4
>>> today = "月"
>>> if member >= 4:
...     if today != "月":
...         store = "A"
...     else:
...         store = "B"
... else:
...     store = "C"
...
>>> print(f"{store}の店に行く")
Bの店に行く
```

実行結果

if文のブロックの中には、さらにif文を書くことができます。上の例では、memberが4人以上の場合のみ、さらに定休日かどうかの判定をしています。この処理はif文の中のif文に書かれるものなので、インデントが2段階下がった状態になっています。この、ブロックの中に別のブロックが入ってさらに1段階下がった状態になることを**ネスト**といいます。

● 1つのif文に条件式を複数設定する

条件式を2つ以上組み合わせることもできます。次の条件を考えてみましょう。

- メンバーが4人以下で月曜日以外ならばAの店（定休日が月曜日）
- それ以外の条件ならばBの店（定休日は特になく、大人数でも大丈夫）

Pythonでコードを書くと次のようになります。

インタラクティブシェル

```
member = 3
today = "月"
if member <= 4 and today != "月":
    store = "A"
else:
    store = "B"

print(f"{store}の店に行く")
```

```
>>> member = 3
>>> today = "月"
>>> if member <= 4 and today != "月":
...     store = "A"
... else:
...     store = "B"
...
>>> print(f"{store}の店に行く")
Bの店に行く
```

　ここではandを用いて［member <= 4］と［today != "月"］という条件式を組み合わせています。［and］はそれぞれの条件式がTrueだった場合に、条件式全体がTrueになります。逆にいえば、どちらかでもFalseなら条件式全体がFalseになります。この場合、［member <= 4］はTrueですが［today != "月"］はFalseなので、条件式全体がFalseとなり［store = "B"］の処理になります。

andで条件を組み合わせると、両方を満たすところがTrueになるんだね

		B の条件	
		True	False
A の条件	True	○	×
	False	×	×

　条件式のどちらかがTrueなら条件式全体をTrueとしたい場合、条件式はorでつなぐことができます。

```
member = 5
today = "水"
member <= 4 or today != "月"
```

3　その他の構文

```
>>> member = 5
>>> today = "水"
>>> member <= 4 or today != "月"
True
```

　この場合、member が 5 なので、3 行目の 1 つ目の条件式は False ですが、2 つ目の条件式が True なので、条件式［member <= 4 or today != " 月 "］全体では True になります。

orで条件を
組み合わせると、
片方でも満たすと
Trueになるんだね

		B の条件	
		True	False
A の条件	True	○	○
	False	○	×

　条件が複雑になったり、組み合わせる必要があったりすると最初の頃はどういうコードにしていいかわからないことが多いです。そういったときは落ち着いて日本語に書き出してみるとわかってくることがあります。判断したい条件を書き出して順番を付ける、「A かつ B である」という条件なら and を使用、「A または B である」という条件なら or を使用する、といったようなコツがあります。徐々に慣れていきましょう。日本語に書き出したら、具体的な条件を当てはめてみて想定どおりの処理になるか確認するとよいでしょう。

この章では条件分岐の概念を学びました

✔ 条件分岐では条件式を使用します

✔ if文では、if / elif / elseを使用します

✔ ブロック構造を表すには半角スペース4文字の
　インデントを使用します

■ Check Test

Q1 次の条件式を実行し、結果がTrueかFalseのどちらで返ってくるか確認しましょう。

```
5 < 3
5 > 3
```

Q2 以下のコードを実行し、条件式がTrueのときだけif文のブロック内コードが実行されることを確認しましょう。

```
if 5 > 3:
    print("5 > 3はTrue")

if 5 < 3:
    print("5 < 3はTrue?")
```

Q3 2つの条件式がどちらもTrueになるように、変数numberに値を入れてください。

```
number = [        ]
if number == 5:
    print("numberと5は等しい")

number = [        ]
if 5 != number:
    print("numberと5は等しくない")
```

Q4

条件式がTrueになるように、変数number2に値を入れてください。

```
number1 = 5
number2 = [    ]
if number1 == 5 and number2 == 10:
    print("and条件クリア")

number1 = 5
number2 = [    ]
if number1 != 5 or number2 == 15:
    print("or条件クリア")
```

第 **6** 章

リストと繰り返し処理

前の章で条件分岐を学んだことによって、実行できるプログラムの幅が広がりました。ここから繰り返し処理を学べば、プログラムに実行させたい処理のほとんどが記述できるようになります。

この章で学ぶこと

1＿ リストの基礎を学ぶ

2＿ 繰り返し処理を理解する

3＿ 繰り返し処理とリストの使い方を学ぶ

6 — 1 リスト型とは

　繰り返し処理について学ぶ前に、リスト型について学びましょう。リスト型は他のプログラム言語では配列と呼ばれる場合もあります。**リスト型**は、文字列や数値などのオブジェクトを複数格納しておける入れ物のようなものです。後ほど紹介する繰り返し処理を行う際に、オブジェクトを複数格納できるととても便利になります。

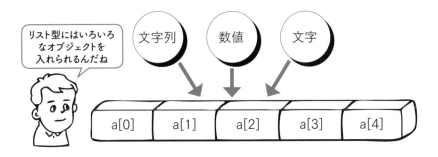

　まずはリスト型そのものについて説明します。次の例を見てみましょう。

リスト型の例

```
[]
[1]
["apple", "orange"]
```

　これらは全てリスト型です。リスト型の構文について説明すると、[ ]で囲まれた中にオブジェクトがあり、2つ以上ある場合は、，（カンマ）で区切られています。

　上の例では、一番上は何も入ってない空のリスト、次は数値が1つ入ったリスト、最後は文字列が2つ入ったリストです。リストにはどんなオブジェクトも組み合わせて入れられます。

　次の例を見ると、数値、文字列、さらにリストもリストの中に入れられることがわかります。

リストの中にリストがある例

```
[1, "apple", [2, "orange"]]
```

リストに入ったデータの参照方法

リストに入ったそれぞれのデータを参照するにはどうすればよいでしょうか。
fruits変数に文字列が2つ入ったリストで確認してみましょう。

インタラクティブシェル

```
fruits = ["apple", "orange"]
print(fruits[0])
print(fruits[1])
```

実行結果

```
>>> fruits = ["apple", "orange"]
>>> print(fruits[0])
apple
>>> print(fruits[1])
orange
```

print関数の中で、リストの変数名の後に[0]や[1]のような書き方で要素の
順番を表しています。これはリストの**インデックス**（**索引**）というものです。
このインデックスは0から始まり、1ずつ増えていきます。fruits変数にオブジェ
クトが3つ入っていたら、3番目の要素はfruits[2]で参照できます。
　では、もし存在しないインデックスを参照しようとしたらどうなるでしょう。
次の例を見てみましょう。

インタラクティブシェル

```
fruits = ["apple", "orange"]
print(fruits[2])
```

```
>>> fruits = ["apple", "orange"]
>>> print(fruits[2])
Traceback (most recent call last):
  File "<stdin>", line 1, in <module>
IndexError: list index out of range
```

エラーが出てしまいました。[IndexError:]の後を読んでみると、リストの
インデックスが範囲外にあると書いてあります。この場合はリストにもう1つ
要素を追加すると、インデックスが正当なものになります。appendメソッド
を使ってリストの末尾に要素を追加しましょう。appendメソッドとはリスト
オブジェクトがもつメソッドで、リストの末尾にデータを追加する機能です。

インタラクティブシェル

```
fruits = ["apple", "orange"]
fruits.append("banana")
print(fruits[2])
```

実行結果

```
>>> fruits = ["apple", "orange"]
>>> fruits.append("banana")
>>> print(fruits[2])
banana
```

"banana"を末尾に追加

ここまで、リストのオブジェクトをfruits変数に格納していました。この変
数を用いて指定のインデックスの内容を変化させられます。

---

1 リスト型とは

107

```
fruits = ["apple", "orange"]
fruits[1] = 100
print(fruits[1])
```

実行結果

```
>>> fruits = ["apple", "orange"]
>>> fruits[1] = 100
>>> print(fruits[1])
100
```

in演算子で要素の確認

リストの中に、ある要素が含まれているかを判定したいときは、in演算子を使います。in演算子は、［要素 in リスト］の構文を使用します。リストの中に要素があるかどうかを判定し、要素があればTrue、要素がなければFalseを返します。

文法

```
if 要素 in リスト:
```

in演算子とは逆にリストの中に要素がない場合にTrue、ある場合にFalseを返したい場合は、［要素 not in リスト］の構文を使用します。

インタラクティブシェル

```
fruits = ["apple", "orange"]
if "apple" in fruits:
    print("appleはfruitsの中にあります")

if "tomato" not in fruits:
    print("tomatoはfruitsの中にありません")
```

```
>>> fruits = ["apple", "orange"]
>>> if "apple" in fruits:
...     print("appleはfruitsの中にあります")
...
appleはfruitsの中にあります
>>> if "tomato" not in fruits:
...     print("tomatoはfruitsの中にありません")
...
tomatoはfruitsの中にありません
```

c o l u m n

リストのマイナスインデックス

ここでは、リストからインデックスを用いて要素を取得できることを説明しました。インデックスにマイナス値を指定することで、最後から要素を取得することも可能です。[-1]を指定すると、最後の要素を取得できます。次に例を示します。

インタラクティブシェル

```
>>> li = ["a", "b", "c"]
>>> li[1]
'b'
>>> li[-1]
'c'
>>> li
["a", "b", "c"]
>>> li[-2]
'b'
```

第6章 リストと繰り返し処理

繰り返し処理とは、その名のとおり、同じ処理を繰り返すものです。とはいえ完全に同じことを繰り返すのはあまり意味がないので、「繰り返し処理とは同じ処理を違うデータを使って行うこと」と、捉えていただければよいでしょう。6-1のリストの説明で使ったappleとorangeを表示させる例を、ここでは繰り返しの処理を使って書いてみます。

インタラクティブシェル

```
fruits = ["apple", "orange"]
for fruit in fruits:
    print(fruit)
```

実行結果

```
>>> fruits = ["apple", "orange"]
>>> for fruit in fruits:
...     print(fruit)
...
apple
orange
```

何が起きたのか確認してみましょう。print関数は1つしかありませんが、2つのそれぞれ違った文字列が表示されています。これは［for fruit in fruits:］の行が繰り返しの処理を指示しているからです。といってしまえば簡単なのですが、まずは現象を観察してみましょう。

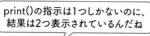

print()の指示は1つしかないのに、結果は2つ表示されているんだね

apple
orange

for文によって繰り返し実行されているんだよ

リストの fruits には文字列の apple と orange の 2 つが入っています。これを 3 つに増やしたら、それぞれ違った 3 つの文字列が表示されると予測できないでしょうか。試してみましょう。

```
fruits = ["apple", "orange", "banana"]
for fruit in fruits:
    print(fruit)
```

実行結果

```
>>> fruits = ["apple", "orange", "banana"]
>>> for fruit in fruits:
...     print(fruit)
...
apple
orange
banana
```

　予測は当たったようです。この観察から 2 つのことがわかります。

❶ fruits に入っている要素の数だけ print 関数が実行されること
❷ print 関数は print(fruit) としか書いていないのに別々の文字列を表示できること

　この 2 つのことを指示しているのが、［for fruit in fruits:］の部分です。これを for文 といいます。構文を紹介すると次のようになります。

文法

```
for 繰り返し内での変数 in リストの変数:
    繰り返し処理を行う部分
```

　繰り返し処理を行う部分は条件分岐と同様にインデントを下げます。繰り返しが行われる回数は、観察したとおりリストに入っている文字列の数（要素数）と等しくなります。
　繰り返し処理が行われる度に、［繰り返し内での変数］に［リストの変数］から要素が 1 つずつ格納されます。前の例では 1 回目に［fruit="apple"］、2 回

目に［fruit="orange"］、3回目に［fruit="banana"］のような処理が、［繰り返し処理を行う部分］の前に行われています。そのため同じ［print(fruit)］が実行されても、表示される結果が毎回違っていたというわけです。

▌繰り返し処理を使うメリット

このように、同じような処理を簡潔に書けるのが、繰り返し処理のよいところです。繰り返し処理を使わずに先ほどの処理を書こうとすると、リストの要素数だけ延々とprint関数を追加しなくてはいけません。

また、リストの要素数が外部からの入力で決まる場合などは、あらかじめprint関数をいくつ用意すればいいのかもわかりません。こういった場合にも、for文を使えばリストの要素数に応じて処理を行うことができます。

2 繰り返し処理とは

3 for文とif文の組み合わせ

　最低限のオブジェクト（数値や文字列）の扱いと条件分岐、繰り返しの処理が使えるようになると、それらを組み合わせて複雑な処理を行うプログラムを作れます。

　単純な組み合わせからやっていきます。今まではリストの中身をただ表示するだけでしたが、表示するための条件を加えてみましょう。

インタラクティブシェル

```
numbers = [1, 2, 3, 4, 5, 6]
for number in numbers:
    if number % 2 == 1:
        print(number)
```

実行結果

```
>>> numbers = [1, 2, 3, 4, 5, 6]
>>> for number in numbers:
...     if number % 2 == 1:
...         print(number)
...
1
3
5
```

　for文の中でnumber変数に1から6まで順番に値が入ります。if文は何をしているでしょうか。条件式は［number % 2 == 1］となっています。%は余りを計算する演算でした（4-1を参照）。この結果が1ということは、余りが1なので変数が奇数であることを示しています。したがって、number変数が奇数のときに［print(number)］が実行されています。

for 文と if 文を組み合わせて複雑な操作を行う

　次に空のリストを用意して、その中に奇数だけ格納してみましょう。

インタラクティブシェル

```
numbers = [1, 2, 3, 4, 5, 6]
odd_list = []
for number in numbers:
    if number % 2 == 1:
        odd_list.append(number)

print(odd_list)
```

```
>>> numbers = [1, 2, 3, 4, 5, 6]
>>> odd_list = []
>>> for number in numbers:
...     if number % 2 == 1:
...         odd_list.append(number)
...
>>> print(odd_list)
[1, 3, 5]
```

　少し複雑になってきましたが、やっていることは今まで学習したことの組み合わせです。for文の中で扱う変数は、前もって［odd_list = []］のように定義しておきましょう。空のリスト[ ]を、変数に代入します。その後、for文の中で条件に合っている number 変数を append メソッドでリストに入れています。こうしてリストの形で結果を格納しておくと、あとで必要なときに利用ができます。実際のプログラムでもよく出てきます。

　慣れるためにもう少し複雑な動きをしてみましょう。奇数だけでなく、偶数のリスト型も作ることにします。

インタラクティブシェル

```
numbers = [1, 2, 3, 4, 5, 6]
odd_list = []
even_list = []
for number in numbers:
    if number % 2 == 1:
        odd_list.append(number)
    elif number % 2 == 0:
        even_list.append(number)

print(odd_list)
print(even_list)
```

```
>>> numbers = [1, 2, 3, 4, 5, 6]
>>> odd_list = []
>>> even_list = []
>>> for number in numbers:
...     if number % 2 == 1:
...         odd_list.append(number)
...     elif number % 2 == 0:
...         even_list.append(number)
...
>>> print(odd_list)
[1, 3, 5]
>>> print(even_list)
[2, 4, 6]
```

期待したとおりに動いているようです。

このように条件分岐と繰り返しの処理を組み合わせることで、複雑な処理が行えます。この処理の順番のことを**アルゴリズム**と呼びますが、ここまでに学んだ内容でそのほとんどを表すことができます。

これから先の章は、さらに便利にプログラムを書くために必要なことを学んでいきます。

Column

リストの要素を削除する方法

Python ではリストから要素を削除する方法として、remove メソッドと pop メソッドが用意されています。remove メソッドは要素の内容を指定して削除し、pop メソッドは最後の要素を抜き出して削除します。ただし、remove メソッド実行時にリストに存在しない要素を指定するとエラーになるので、気をつけましょう。以下に例を示します。

インタラクティブシェル

```
li = ["a", "b", "c"]
li.remove("b")
print(li)
li.pop()
print(li)
li.remove("c")
```

実行結果

```
>>> li = ["a", "b", "c"]
>>> li.remove("b")
>>> print(li)
['a', 'c']
>>> li.pop()
'c'
>>> print(li)
['a']
>>> li.remove("c")
Traceback (most recent call last):
  File "<stdin>", line 1, in <module>
ValueError: list.remove(x): x not in list
```

⊣ *POINT* ⊢

この章ではリストと繰り返し処理について学びました

- ✔ リストは[]で囲むことで扱うことができます
- ✔ リストのインデックスは「0」から始まります
- ✔ リストに要素を追加するときはappendメソッドを使います
- ✔ for文を使って繰り返しの処理を指示することができます
- ✔ for文とif文は組み合わせて使うことができます

第6章

リストと繰り返し処理

3 for文とif文の組み合わせ

Q1 変数 num_list に空のリストを代入してください。

Q2 num_list に要素として数値の1, 2, 3を代入し、print(num_list) の結果を確認してください。

Q3 Q2で作成したコードを print(num_list[1]) に修正し、結果を確認してください。

Q4 数値の1, 2, 3が順番に入ったリスト num_list を用意し、for文を使って変数 num に num_list の要素を順番に代入し、print(num)を実行するプログラムを書いてください。そして出力を確認してください。

Q5 次のコードを実行した場合、どのような結果が表示されますか?

```
num_list = [1, 2, 3]
for num in num_list:
    if num >= 2:
        print(num)
```

3 for文とif文の組み合わせ

第 7 章

辞書型

ここまで学んだ内容で多くの処理は既に表現できますが、便利に記述するために学んでおいたほうがよい型があります。ここでは辞書型について学んでいきましょう。

辞書型とは

第6章では、複数のオブジェクトを格納できるリスト型について学びました。この章で学ぶ**辞書型**もまた、複数のオブジェクトを扱うことができます。辞書型はキーと値を対応させることができます。そして、キーには数字や文字列を使うことができます。例を見てみましょう。

インタラクティブシェル

```
fruits_dict = {"apple": 100}
fruits_dict["apple"]
```

実行結果

```
>>> fruits_dict = {"apple": 100}
>>> fruits_dict["apple"]
100
```

1行目で要素が1つのfruits_dict辞書を作成し、2行目の［fruits_dict["apple"]］でappleキーの値を参照しています。辞書型はリスト型と違って{ }で囲まれており、{"キー": 値}というふうに見出しとなるキーに対応する値が置かれています。**キー**は、実際の辞書における見出しのようなもので、格納した値と対応します。ここでは、キー［"apple"］の値として数値の100を対応させています。要素が複数ある場合はリストと同様に,（カンマ）で区切って記述します。

このように、見出しとなる<u>key</u>（キー）と対応する<u>value</u>（値）をもつのが辞書型の特徴です。

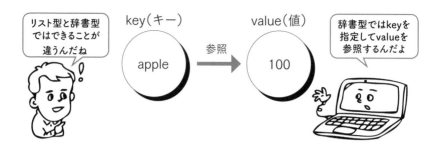

リスト型と辞書型
ではできることが
違うんだね

key(キー)
apple

参照

value(値)
100

辞書型ではkeyを
指定してvalueを
参照するんだよ

辞書型の値の参照、追加、更新

あるキーの値を参照するには、［辞書["キー"]］のようにします。

要素が2つの辞書を作成し、"orange" というキーで値を参照するには、次のようにします。

インタラクティブシェル

```
fruits_dict = {"apple": 100, "orange": 150}
fruits_dict["orange"]
```

 実行結果

```
>>> fruits_dict = {"apple": 100, "orange": 150}
>>> fruits_dict["orange"]     orange を参照します
150
```

辞書の要素を追加するには、［辞書［キー］= 値］のように書きます。

インタラクティブシェル

```
fruits_dict = {"apple": 100, "orange": 150}
fruits_dict["banana"] = 200
fruits_dict
```

 実行結果

```
>>> fruits_dict = {"apple": 100, "orange": 150}
>>> fruits_dict["banana"] = 200
>>> fruits_dict
{"apple": 100, "orange": 150, "banana": 200}
```

　　　　　　　　　　／　辞書型とは

1つの辞書に同じキーをもつことはできません。このため、同じキーの値を追加しようとすると、前の値を更新します。

インタラクティブシェル

```
fruits_dict = {"apple": 100, "orange": 150}
fruits_dict["apple"] = 50
fruits_dict
```

実行結果

```
>>> fruits_dict = {"apple": 100, "orange": 150}
>>> fruits_dict["apple"] = 50
>>> fruits_dict
{"apple": 50, "orange": 150}
```

異なるキーで同じ値をもつことは可能です。

インタラクティブシェル

```
fruits_dict = {"apple": 100, "orange": 150}
fruits_dict["banana"] = 50
fruits_dict["apple"] = 50
fruits_dict
```

実行結果

```
>>> fruits_dict = {"apple": 100, "orange": 150}
>>> fruits_dict["banana"] = 50
>>> fruits_dict["apple"] = 50
>>> fruits_dict
{"apple": 50, "orange": 150, "banana": 50}
```

ある要素が辞書の中に含まれているかを判定したいときは、リスト型と同様にin演算子を使います。ただし、in演算子で探せるのはキーだけです。次の例では、キーであるappleに対応する値の100は、in演算子では探せません。

インタラクティブシェル

```
fruits_dict = {"apple": 100, "orange": 150}
if "apple" in fruits_dict:
    print("appleはfruitsの中にあります")

if "tomato" not in fruits_dict:
    print("tomatoはfruitsの中にありません")

if 100 not in fruits_dict:
    print("100はfruitsのkeyにはありません")
```

実行結果

```
>>> fruits_dict = {"apple": 100, "orange": 150}
>>> if "apple" in fruits_dict:
...     print("appleはfruitsの中にあります")
...
appleはfruitsの中にあります
>>> if "tomato" not in fruits_dict:
...     print("tomatoはfruitsの中にありません")
...
tomatoはfruitsの中にありません
>>> if 100 not in fruits_dict:
...     print("100はfruitsのkeyにはありません")
...
100はfruitsのkeyにはありません
```

　もしキーではなく値のほうを探したい場合は、［辞書.values()］を使います。これは値として入っているデータをリスト型のような形で返してくれます。

インタラクティブシェル

```
fruits_dict = {"apple": 100, "orange": 150}
print(fruits_dict.values())
if 100 in fruits_dict.values():
    print("100はfruitsのvaluesにあります")
```

実行結果

```
>>> fruits_dict = {"apple": 100, "orange": 150}
>>> print(fruits_dict.values())
dict_values([100, 150])
>>> if 100 in fruits_dict.values():
...     print("100はfruitsのvaluesにあります")
...
100はfruitsのvaluesにあります
```

辞書型の使い所

プログラミング中に直接データとして書く数値や文字列は、使い方の
イメージが付きやすいかと思います。その一方、コンテナといわれる
リスト型や辞書型はプログラムの中でどのように活用したらよいのか、
イメージがつかみにくいかと思います。

順番にデータを処理する場合にはリスト型を用い、キーと組み合わせ
て処理をしたい場合には辞書型を用います。リスト型と辞書型を組み
合わせて使用することもあります。

複数のデータを束ねて処理を行う際には、リスト型や辞書型の活用を
検討し、どのようなデータ構造にすると処理がしやすいかを考えてみ
ましょう。

第7章 辞書型

7 ─ 2 辞書型をfor文で使う

辞書型は、複数のオブジェクトを格納できることを説明しました。また、複数の要素を1つずつ取り出すことが可能です。したがって、辞書型もリスト型と同様にfor文で利用する場面がよくあります。ただし、辞書型のfor文は書き方によって扱えるものが違うことと、辞書に入っているデータの順番が保証されないことに気を付ける必要があります。

最初に、辞書型をそのままfor文で回す変数の例を見てみましょう。

インタラクティブシェル

```
fruits_dict = {"apple": 100, "orange": 150, "banana": 200}
for fruit in fruits_dict:
    print(fruit)
```

実行結果

```
>>> fruits_dict = {"apple": 100, "orange": 150, "banana": 200}
>>> for fruit in fruits_dict:
...     print(fruit)
...
apple
orange
banana
```

この書き方だと、for文のfruit変数にはキーが入るようです。値を参照したい場合はこのキーを使って［fruits_dict[fruit]］のように書けますが、前述の［辞書.values()］を使うと、辞書の値をそのままfor文の変数に入れられます。

インタラクティブシェル

```
fruits_dict = {"apple": 100, "orange": 150, "banana": 200}
fruits_dict.values()
for fruit_value in fruits_dict.values():
    print(fruit_value)
```

2 辞書型をfor文で使う

実行結果

```
>>> fruits_dict = {"apple": 100, "orange": 150, "banana": 200}
>>> fruits_dict.values()
dict_values([100, 150, 200])
>>> for fruit_value in fruits_dict.values():
...     print(fruit_value)
...
100
150
200
```

　書き方はすっきりしましたが、表示が値のみになってしまいました。これではどの値がどのキーに対応するかがわかりません。

キーと値をアンパックで受け取る

　キーと値の両方を扱いたい場合には、［fruits_dict.items()］を使うとよいでしょう。

インタラクティブシェル

```
fruits_dict = {"apple": 100, "orange": 150, "banana": 200}
for key, value in fruits_dict.items():
    print(key, value)
```

実行結果

```
>>> fruits_dict = {"apple": 100, "orange": 150, "banana": 200}
>>> for key, value in fruits_dict.items():
...     print(key, value)
...
apple 100
orange 150
banana 200
```

　これでわかりやすくなりました。ところで、for文で使う変数の部分に［key, value］と変数を複数指定する書き方が出てきました。これは**アンパック**と呼ばれる受け取り方で、2つの要素からなるタプルが返されるのを、2つの変数

に分けて受け取っています。この書き方をしない場合は、次のコードが同じ動きをします。

インタラクティブシェル

```
for fruit_item in fruits_dict.items():
    key = fruit_item[0]
    value = fruit_item[1]
    print(key, value)
```

実行結果

```
>>> for fruit_item in fruits_dict.items():
...     key = fruit_item[0]
...     value = fruit_item[1]
...     print(key, value)
...
apple 100
orange 150
banana 200
```

【 用 語 解 説 】

タプル

タプルは文字列やリスト型と同じく、型の1つです。リスト型と似ていますが、中の要素が変更不可能という性質をもちます。

2 辞書型を for 文で使う

この章では辞書型について学びました

- ✔ 辞書型はキーと対応する値で作成します
- ✔ リスト同様にin演算子で要素を探すことができます
- ✔ 辞書型もfor文と組み合わせて利用する場面が多いです

Check Test

Q1 変数alpha_num_dictに空の辞書を代入してください。

Q2 alpha_num_dictにkeyがa, b, c、valueが数値の1, 2, 3の
要素を入れてください。

Q3 Q2で作成したalpha_num_dictを利用して、print(alpha_
num_dict)の結果を確認してください。

Q4 alpha_num_dict["a"] = 10を実行した後、print(alpha_
num_dict["a"])の結果を答えてください。

Q5 Q2で作成したalpha_num_dictと[辞書.items()]を利用して、
for文中でkeyとvalueをアンパックして受け取り、keyとvalue
を表示するコードを書いてください。

2 辞書型をfor文で使う

第 **8** 章

関数

関数とは、複数行のプログラムを
まとめて処理するためのものです。
関数を用意しておくと、必要なと
きに何度でも同じ処理を実行でき
るようになります。ある程度の規
模のプログラムを組んだり、他人
が作ったプログラムを利用したり
する際は重要になりますので、こ
の章でしっかりと理解しておきま
しょう。

この章で学ぶこと

*1*__関数がどのように便利なのかを理解する

*2*__関数を実際に作成して実行する

*3*__ローカル変数とスコープを気にかけられるよう
にする

1 関数とは

関数の基礎

関数とは、複数行のプログラムをまとめて実行できる構文です。プログラムを書いていくと同じような処理を何度か書く場面に遭遇します。同じ箇所で繰り返すだけでいいのなら for 文を使うことですっきり書けますが、少し離れた場所に同じような処理を書く場合はそうもいきません。

そんなときは関数を使うと便利です。

プログラムのいろいろな場所で「Hello Someone」と挨拶を表示する場合を考えます。それぞれの箇所に［print("Hello Someone")］と書いても動作しますが、例えば、「Someone」の部分を変更したい場合に全ての箇所を書き直すのは面倒です。修正漏れが起こることを考慮して、1箇所を修正すればよいようにしておきます。それにはリスト8-1のような関数を定義しておくとよいでしょう。

リスト8-1 greet関数

```
def greet():
    print("Hello Someone")
```

次に、関数の文法を示します。

文法

```
def 関数名():
    関数を呼び出したときに実行される何らかの処理
```

関数に記述された内容を実行したいときは、次のように呼び出します。

```
def greet():
    print("Hello Someone")

greet()
```

実行結果

```
>>> def greet():          greet関数を定義
...     print("Hello Someone")
...
>>> greet()               関数名()で呼び出す
Hello Someone
```

また、関数は関数名を書くことで何度でも呼び出すことができます。

```
def greet():
    print("Hello Someone")

greet()
greet()
```

実行結果

```
>>> def greet():
...     print("Hello Someone")
...
>>> greet()
Hello Someone
>>> greet()
Hello Someone
```

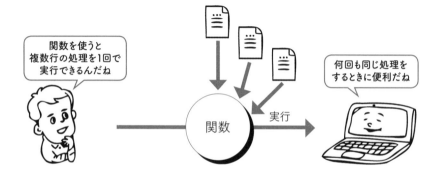

関数を使うと
複数行の処理を1回で
実行できるんだね

何回も同じ処理を
するときに便利だね

関数　実行

8-2 引数とは

引数の基本

関数には変数を渡すことができます。このとき渡される変数のことを、**引数**^{ひきすう}といいます。

これによって関数の動作を柔軟に変更できます。先ほどのgreet関数に人の名前を渡すように改造したgreet_to関数を作成し、動作を確認してみましょう。

インタラクティブシェル

```
def greet_to(name):
    print(f"Hello {name}-san")

greet_to("Sato")
greet_to("Suzuki")
```

実行結果

```
>>> def greet_to(name):
...     print(f"Hello {name}-san")
...
>>> greet_to("Sato")        ← "Sato" という引数を渡す
Hello Sato-san
>>> greet_to("Suzuki")      ← "Suzuki" という引数を渡す
Hello Suzuki-san
```

上の例では、greet_to関数を呼び出す際に()の中に変数を入れることで、引数として変数を渡しています。渡した引数は、関数の中でnameという変数名で扱われます。また、引数は,（カンマ）で区切ると、複数個渡せます。

インタラクティブシェル

```
def greet_to_people(name1, name2):
    print(f"Hello {name1}-san")
    print(f"Hello {name2}-san")

greet_to_people("Sato", "Suzuki")
```

実行結果

```
>>> def greet_to_people(name1, name2):
...     print(f"Hello {name1}-san")
...     print(f"Hello {name2}-san")
...
>>> greet_to_people("Sato", "Suzuki")
Hello Sato-san
Hello Suzuki-san
```

返り値について

関数は返り値を設定できます。**返り値**とは、関数内での処理結果を関数外に渡すものです。

インタラクティブシェル

```
def make_greet(name):
    greet = f"Hello {name}-san"
    return greet

print(make_greet("Sato"))
```

実行結果

```
>>> def make_greet(name):
...     greet = f"Hello {name}-san"
...     return greet          返り値に設定
...
>>> print(make_greet("Sato"))          処理結果をprint関数に渡している
Hello Sato-san
```

上の例ではmake_greet関数の中でgreet変数という挨拶文を作成し、次のよ

うにして返り値に変数を設定しています。

文法

```
return 返り値に設定する変数
```

返り値は、次のように変数に代入できます。ここでは、greet_result変数に代入しています。

インタラクティブシェル

```
def make_greet(name):
    greet = f"Hello {name}-san"
    return greet

greet_result = make_greet("Yamada")
print(greet_result)
```

実行結果

```
>>> def make_greet(name):
...     greet = f"Hello {name}-san"
...     return greet
...
>>> greet_result = make_greet("Yamada")
>>> print(greet_result)
Hello Yamada-san
```

このコードはmake_greet関数からの返り値をgreet_result変数に入れて、print関数で確認しています。

繰り返し処理と関数の強み

繰り返し処理と関数を使うことでコードの記述をすっきりさせることができます。少し複雑な例として、3人に挨拶した後、別の文を表示させ、1人に挨拶するという出力を得たいとします。

- Hello Sato-san
- Hello Suzuki-san
- Hello Tanaka-san
- last one
- Hello Hasegawa-san

関数を使わずに書くとすると次のようになります。

インタラクティブシェル

```
print("Hello Sato-san")
print("Hello Suzuki-san")
print("Hello Tanaka-san")
print("last one.")
print("Hello Hasegawa-san")
```

実行結果

```
>>> print("Hello Sato-san")
Hello Sato-san
>>> print("Hello Suzuki-san")
Hello Suzuki-san
>>> print("Hello Tanaka-san")
Hello Tanaka-san
>>> print("last one.")
last one.
>>> print("Hello Hasegawa-san")
Hello Hasegawa-san
```

　何度も同じような処理が出ているのが気になりますね。一度きり実行させて
終わるプログラムならこれでもかまいませんが、実際にプログラムを書いてい
くと何度か修正が入るものです。その場合、同じような処理が複数の箇所に書
いてあると、修正する際にどこかで修正漏れが起こって、バグとなる原因にな
ります。一方、修正が1箇所で済めばプログラマも楽なので、できるだけ処理
は集約して書きたいところです。

　こういったときに、繰り返し処理や関数が役に立ちます。実際に上の例と同
じ出力を得るプログラムを作成していきましょう。

　まずは挨拶の文字列を作る部分を、先ほどのmake_greet関数に置き換えましょ
う。

インタラクティブシェル

```
def make_greet(name):
    greet = f"Hello {name}-san"
    return greet

print(make_greet("Sato"))
print(make_greet("Suzuki"))
print(make_greet("Tanaka"))
print("last one.")
print(make_greet("Hasegawa"))
```

実行結果

```
>>> def make_greet(name):
...     greet = f"Hello {name}-san"
...     return greet
...
>>> print(make_greet("Sato"))
Hello Sato-san
>>> print(make_greet("Suzuki"))
Hello Suzuki-san
>>> print(make_greet("Tanaka"))
Hello Tanaka-san
>>> print("last one.")
last one.
>>> print(make_greet("Hasegawa"))
Hello Hasegawa-san
```

　元の処理が簡単なのであまりすっきりしたように見えませんが、これで、挨拶のフォーマットを修正したい場合には1箇所の修正で済むようになりました。例えば、「最後にピリオドを付け忘れていたので直したい」といった場合は、make_greet関数を直すだけで大丈夫です。

　次に、make_greet関数を続けて呼び出しているところを、for文を使って繰り返しの処理にまとめてみます。

```
def make_greet(name):
    greet = f"Hello {name}-san."
    return greet

for name in ["Sato", "Suzuki", "Tanaka"]:
    print(make_greet(name))

print("last one.")
print(make_greet("Hasegawa"))
```

実行結果

```
>>> def make_greet(name):
...     greet = f"Hello {name}-san."
...     return greet
...
>>> for name in ["Sato", "Suzuki", "Tanaka"]:
...     print(make_greet(name))
...
Hello Sato-san.
Hello Suzuki-san.
Hello Tanaka-san.
>>> print("last one.")
last one.
>>> print(make_greet("Hasegawa"))
Hello Hasegawa-san.
```

　途中に［print("last one.")］があるため全てが繰り返しの処理にまとまると
いうわけにはいきませんでしたが、最初の関数を使わない書き方よりはプログ
ラムの行が少なくなりました。挨拶のフォーマットを修正したいときにはすぐ
に対応できますし、同じような処理のどこか1つだけを修正し忘れることもあ
りません。

2　引数とは

グローバル変数と ローカル変数

8 __ 3

関数を使い始めたら、グローバル変数とローカル変数、そしてスコープを気にかける必要が出てきます。グローバル変数は今までインタラクティブシェル内で利用してきた変数のことですが、次に説明するローカル変数と区別するときに使われる呼び方です。

ローカル変数とは

ローカル変数は関数内で定義された変数のことです。これは関数内でのみ参照できます。例を見てみましょう。

インタラクティブシェル

```
def make_num():
    num = 10
    print(num)

make_num()
print(num)
```

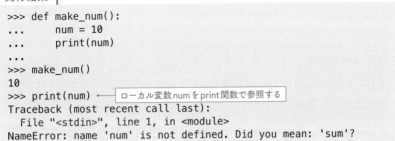

実行結果

```
>>> def make_num():
...     num = 10
...     print(num)
...
>>> make_num()
10
>>> print(num)      ← ローカル変数 num を print 関数で参照する
Traceback (most recent call last):
  File "<stdin>", line 1, in <module>
NameError: name 'num' is not defined. Did you mean: 'sum'?
```

上の例のように num 変数は関数内では参照できますが、関数外では NameError となり、未定義で参照できない変数として扱われます。これは関数

内の変数が、関数内からのみ参照できるローカル変数となっているためです。

スコープとは

変数が参照可能な範囲のことを**スコープ**（**可視範囲**）といいます。先ほどの例では、num変数がスコープの外にあるので参照できないというエラーになりました。次の例を見ていきましょう。

インタラクティブシェル

```
num = 10
def make_num():
    num = 20
    print(f"ローカル変数は{num}")

make_num()
print(f"グローバル変数は{num}")
```

実行結果

```
>>> num = 10
>>> def make_num():
...     num = 20
...     print(f"ローカル変数は{num}")
...
>>> make_num()
ローカル変数は20
>>> print(f"グローバル変数は{num}")
グローバル変数は10
```

num変数が関数ブロックの内（ローカル変数）と外（グローバル変数）で宣言されても、それぞれのnum変数は独立したそれぞれの変数として振る舞います。
次はもう少し複雑な例を見ていきます。

インタラクティブシェル

```
num = 10
def make_num():
    local_num = num + 10
    print(f"ローカル変数は{local_num}")
```

```
make_num()
print(f"グローバル変数は{num}")
```

実行結果

```
>>> num = 10
>>> def make_num():
...     local_num = num + 10
...     print(f"ローカル変数は{local_num}")
...
>>> make_num()
ローカル変数は20
>>> print(f"グローバル変数は{num}")
グローバル変数は10
```

上の例を使ってローカル変数とグローバル変数の関係を示すと、次のように
なります。

```
num = 10
def make_num():
    local_num = num + 10
    print(f"ローカル変数は{local_num}")

make_num()
print(f"グローバル変数は{num}")
```

◻ グローバルスコープ
numはグローバル変数
なので、ローカルスコー
プからも参照可能

⬚ ローカルスコープ
local_numはローカル
スコープの中でのみ、
参照可能

ローカル変数とグローバル変数の範囲の違い

　関数内から関数の外の変数を参照のみ可能になっているところが、少々複雑
なところです。とはいえ、関数内で関数の外の変数を参照するのは、できれば
避けたい書き方です。グローバル変数のnumがこの後、別の値になったら
make_num関数の結果が意図したものとは違っている場合も考えられます。は
たまた、変数numの値が文字列型になってしまったらmake_num関数実行時
に整数型との結合があるため、エラーになってしまいます。
　関数内で必要な変数がある場合は、次の例のように引数として渡すのがよい
でしょう。

```
num = 10
def make_num(num):
    local_num = num + 10
    print(f"ローカル変数は{local_num}")

make_num(num)
print(f"グローバル変数は{num}")
```

実行結果

```
>>> num = 10
>>> def make_num(num):
...     local_num = num + 10
...     print(f"ローカル変数は{local_num}")
...
>>> make_num(num)
ローカル変数は20
>>> print(f"グローバル変数は{num}")
グローバル変数は10
```

　この例では結果は同じですが、引数として渡す前のnum変数の中身を把握できていれば、動作を把握しやすい関数になります。

C o l u m n

引数のデフォルト値

　ここでは、便利な引数の定義方法を紹介します。
　次の例は、say関数に引数nameを1つ取る関数です。Taroという値を**デフォルト値**としています。

インタラクティブシェル

```
def say(name="Taro"):
    print(name)
```

　次の例ではsay関数を呼び出す際に、引数を与えている場合と、与えていない場合を比較しています。実行結果にあるように、引数が指定されればそれが利用され、指定されなければデフォルト値が使われます。

インタラクティブシェル

```
say("Hanako")
say()
```

実行結果

```
>>> say("Hanako")
Hanako
>>> say()
Taro
```

　関数の引数を複数設定する場合、デフォルト値のある引数をそうではない引数の後に書く必要があります。次の例を参考にしてください。

［OKパターン］インタラクティブシェル

```
def greet_to_peaple_ok(name1, name2="デフォルト名"):
    print(f"Hello {name1}-san")
    print(f"Hello {name2}-san")

greet_to_peaple_ok("Sato")
```

実行結果

```
>>> def greet_to_peaple_ok(name1, name2="デフォルト名"):
...     print(f"Hello {name1}-san")
...     print(f"Hello {name2}-san")
...
>>> greet_to_peaple_ok("Sato")
Hello Sato-san
Hello デフォルト名-san
```

［NGパターン］インタラクティブシェル

```
def greet_to_peaple_ng(name1="デフォルト名", name2):
```

実行結果

```
  File "<stdin>", line 1
    def greet_to_peaple_ng(name1="デフォルト名", name2):
                                                ^^^^^
SyntaxError: non-default argument follows default
argument
```

また、例は省きますが、すべての引数にデフォルト値を設定しても問題ありません。

この章では関数の概念について学びました。

- ✔ 関数とは複数行のプログラムをまとめて実行できる構文です
- ✔ 関数には変数を渡すことができ、この変数を引数といいます
- ✔ 関数内で定義された変数をローカル変数といい、
  関数内でしか利用できません

第8章
ま と め

■ **Check Test**

Q1 以下の関数を実装し、呼び出して結果を確認してください。

インタラクティブシェル

```
def print_square():
    print(3 * 3)
```

Q2 以下の関数を実装し、引数に数値の4を渡して呼び出し、結果を確認してください。

インタラクティブシェル

```
def print_square(number):
    print(number * number)
```

Q3 以下の関数を実装し、引数として数値の5を渡して呼び出し、結果をprint関数で表示してください。

インタラクティブシェル

```
def print_square(number):
    return number * number
```

第 **9** 章

エラーと例外

今まで学んできたように、プログラムの書き方には決められた規則があります。その書き方に則っていないときにはエラーが出てしまい、動作しません。また、動作したとしてもこちらの意図どおりの動きになっていなければ、バグとなります。この章ではそのようなときの対処法を学んでいきます。

この章で学ぶこと

1 __ エラーの種類を知る

2 __ 正常系と異常系の例外を理解する

3 __ エラーが起こっても慌てず対処できるようになる

エラーとは

　プログラムの書き方には決められた規則があり、その書き方に則っていないときにはプログラムは動作しません。このような状態を**エラー**といいます。エラーが出ないように文法を覚えることと、意図どおりにプログラムを動かせること、この2つが揃って初めて自分の作りたいプログラムが完成します。

　最初から意図どおりに動くプログラムを書くのは、慣れていても簡単ではありません。書いたら一度動かしてみて、エラーが出たらその都度修正する、というのが一般的なサイクルといえるでしょう。

　エラーが出てしまうと、最初のうちは思ったように動かないプログラムにやきもきし、動作しないことが恐ろしく思えます。しかし、エラー時に出るメッセージはどこを直せばよいのかを教えてくれることが多く、プログラミングの良き友といえる存在です。

　この章では、エラーと向き合えるようになるための心構えをお伝えします。さらに、通常以外の動作を考慮した書き方として、例外処理についても学びます。例外が発生したときに適切なエラーメッセージを出すことで、利用するユーザーに優しいプログラムとなります。

▌エラーは大きく分けて2種類

　エラーにはさまざまな種類がありますが、大きく分けると、プログラムがそもそも動かないエラーと、動くけれど途中で止まってしまうエラーの2つがあります。前者はPythonを記述するうえでの明らかな文法間違いを指すことが多く、修正もしやすいエラーです。後者は途中で止まってしまう原因を探っていく必要があります。

● Syntax Error

　プログラムがそもそも動かないエラー、つまりプログラムがPythonの文法に照らして間違っているときに出るのが**Syntax Error**です。Syntax Errorは次

の状態のときに起こります。

Syntax Error の例

エラーの状態	エラーの例
括弧の閉じ忘れ	print(len(some_list)
ブロックに入るときのコロン忘れ	for name in name_list
文字列のクオーテーション閉じ忘れ	print("some message)
区切りのカンマ忘れ	[1, 2 3]

例外

　動くが途中で止まってしまうエラーは**例外**（exception）と呼ばれます。

　例外には、例えば、文字列型と整数型を足し算しようとする場合や、関数に指定された引数が渡されない場合などがあります。本書でここまでに紹介したプログラムは正常に動作することを前提に書かれています。このような例外が発生しない、期待したとおりの動作をさせることを**正常系**といいます。

　自分で使うプログラムなら変な値を渡すことはないでしょうが、他人が使う場合や他人が作ったデータを入力するときは、想定外のデータが入ってくる可能性があります。こういったプログラム操作における想定外の処理を**異常系**といいます。

　数値を足し合わせる関数を作成し、異常系の動きを確認しましょう（リスト9-1）。

リスト9-1　異常系の動きの例

```python
def add_10(num):
    add_num = num + 10
    return add_num
```

　この add_10 関数は数値オブジェクトが引数に渡されることを期待しています。異常系の処理を確認するために、文字列型の値を渡してみましょう。

実行結果

```
>>> def add_10(num):
...     add_num = num + 10
...     return add_num
...
>>> add_10("10")
Traceback (most recent call last):
  File "<stdin>", line 1, in <module>
  File "<stdin>", line 2, in add_10
TypeError: can only concatenate str (not "int") to str
```

　第4章でも見たように、数値オブジェクトと文字列オブジェクトの足し合わせはエラーになります。エラーになる原因と対処方法を知っているので、特に慌てる必要はありません。引数 num を数値化するために、int() を付けましょう。

インタラクティブシェル

```python
def add_10(num):
    add_num = int(num) + 10
    return add_num

add_10("10")
```

実行結果

```
>>> def add_10(num):
...     add_num = int(num) + 10
...     return add_num
...
>>> add_10("10")
20
```

これで動作できました。しかし、ここで問題があります。このエラーについては対処方法がわかっていたのでよかったものの、他のエラーが出てしまったらどう対処すればよいでしょうか。例えば引数に " 二十 " のような、int() で数値に変換できないものが入ってきたらどうでしょう。

インタラクティブシェル

```
def add_10(num):
    add_num = int(num) + 10
    return add_num

add_10("二十")
```

実行結果

```
>>> def add_10(num):
...     add_num = int(num) + 10
...     return add_num
...
>>> add_10("二十")
Traceback (most recent call last):
  File "<stdin>", line 1, in <module>
  File "<stdin>", line 2, in add_10
ValueError: invalid literal for int() with base 10: "二十"
```

先ほどとは違ったエラーが出ています。これにはどう対処すればよいでしょうか。リスト型のような、明らかに数値計算のできない値が入ってきたときはどうしましょう。また、そもそも文字列が入ってきたときに数値へ変換してまで計算するのは、意図した設計になっているのでしょうか。

例外および異常系について考えるということは、正常系のみを考慮するよりもずっとレベルが高く、作成しているプログラムへの理解が必要です。時には、プログラムの仕様を含めて見つめ直すきっかけにもなります。

次の節からは、このような例外に対応するための例外処理について学んでいきます。

／ エラーとは

2 例外処理とは

　プログラムの仕様を考えた結果、「入力として整数以外が入ってきた場合は
エラーになる」としましょう。そうした場合、例外処理を使って記述できます。
例外処理とは、実行しているプログラムが特定の箇所でなんらかのエラーを出
した場合、そこでの処理を中断し、別の箇所に記述された処理を行うことです。

例外処理の基本

　Pythonでは、例外処理を行いたい箇所は**tryブロック構文**の中に記述し、そ
こで出た例外を処理する部分を**exceptブロック構文**の中に記述します。例と
して、add_10関数の内容に例外処理を付け足したコードを見てみましょう。

リスト9-2　例外処理

```python
def add_10(num):
    try:
        add_num = num + 10
        print(f"add_num is {add_num}")
        return add_num
    except:
        print("Error!")
```

　最初にtryブロック中の処理が順番に行われますが、エラーが起きた場合は
そこでexceptブロックの処理に移ります。例えば［add_num = num + 10］で
エラーが発生した場合はすぐにexceptブロックの処理に移ります。次の行にあ
る［print(f"add_num is{add_num}")］は実行されず、exceptブロックに書かれ
た処理が行われます。例を見てみましょう。

インタラクティブシェル

```
def add_10(num):
    try:
        add_num = num + 10
        print(f"add_num is {add_num}")
        return add_num
    except:
        print("Error!")

add_10(10)
add_10("=+")
```

実行結果

```
>>> def add_10(num):
...     try:
...         add_num = num + 10
...         print(f"add_num is {add_num}")
...         return add_num
...     except:
...         print("Error!")
...
>>> add_10(10)
add_num is 20
20
>>> add_10("=+")
Error!
```

入力値チェックを行ってエラーを回避する

　例外が発生する前に入力値をチェックして、エラーを事前に回避するのも重要です。exceptを使えば異常系を含めた処理に対応できますが、使い方には気を付けるべきことがたくさんあります。このままではどんな例外が発生してもexceptブロックに送り込まれてしまい、実際にどんなエラーが出ているのか知る間もなく、［Error!］と表示されて終わってしまいます。これでは、エラー原因の特定に苦労します。

　また、tryブロックで行う処理が多いほどさまざまなエラーが発生しうるので、tryブロックの範囲を適切に区切る必要もあります。

　どんなエラーが発生するのかを知ったうえで問題を切り分け、範囲を適切に

設定する必要があるため、tryとexceptを使いこなすにはPythonプログラミングへの熟練が必要です。

そこでお勧めなのは、「入力値がチェックできる場合は例外処理に頼らないこと」です。関数に入力されたnumの値が整数型かどうかを最初に判断し、そうでなければFalseを返すような仕様にしてみましょう。

インタラクティブシェル

```
def add_10(num):
    if not isinstance(num, int):
        print("Invalid num")
        return False
    add_num = num + 10
    print(f"add_num is {add_num}")
    return add_num

add_10(10)
add_10("＝＋")
```

実行結果

```
>>> def add_10(num):
...     if not isinstance(num, int):
...         print("Invalid num")
...         return False
...     add_num = num + 10
...     print(f"add_num is {add_num}")
...     return add_num
...
>>> add_10(10)
add_num is 20
20
>>> add_10("＝＋")
Invalid num
False
```

ここでは［isinstance(判断する変数, 型オブジェクト)］関数を使って、変数numが整数型かを判断しています。isinstance関数は、第1引数に取った変数が第2引数のオブジェクトかを判定するものです。ここでは［isinstance(num, int)］としているので、変数numが整数型（int型）であればTrueを返します。ただし、今回は整数型でなければ対象外として処理を行いたいので、if文の式にnotが付いています。

このように、例外に頼らずif文で事前に入力値をチェックする方法もあります。今回の場合は、num変数に整数型が与えられない場合はエラーになることが予想できました。よって、if文による分岐処理を入れることで例外を使わずに適切な処理を行うことが可能となります。

しかし、このようなケースばかりではありません。複雑な処理を行う場合や、未知のデータを取り扱うときなど、例外処理をうまく組み合わせる必要が出てくるケースもあります。

Python の標準機能を利用する

Pythonに用意されている機能をうまく使うと、こういった例外処理や入力値チェックを任せられることがあります。第8章で扱ったgreet_to関数を思い出してみましょう。この関数内では4-4で紹介したf-stringが利用されています。

インタラクティブシェル

```
def greet_to(name):
    print(f"Hello {name}-san")

greet_to("Sato")
```

実行結果

```
>>> def greet_to(name):
...     print(f"Hello {name}-san")
...
>>> greet_to("Sato")
Hello Sato-san
```

greet_to関数は文字列を結合して表示する関数ですので、引数nameには文字列が渡ってくることを期待しています。ここまで、文字列型と他のオブジェクト型を足し合わせるとエラーになると学んできました。では、greet_to関数に数値やリストを渡すとどうなるでしょうか。

インタラクティブシェル

```
def greet_to(name):
    print(f"Hello {name}-san")

greet_to(100)
greet_to([1, 2])
```

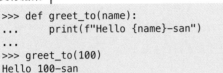

実行結果

```
>>> def greet_to(name):
...     print(f"Hello {name}-san")
...
>>> greet_to(100)
Hello 100-san
>>> greet_to([1, 2])
Hello [1, 2]-san
```

　特にエラーになることなく、数値やリスト型の値が文字列に組み込まれています。これは f-string が埋め込まれた値を文字列に組み込めるように便宜を図っているためです。既存のライブラリやメソッドを使うと、こういった部分で楽ができます。いろいろな使い方をしてみて、その勘所を養っておくのはとてもよいことです。

3 エラーとの付き合い方と その他のエラー

エラーにはさまざまな種類があります。エラーの要素がたくさんあるというよりも、プログラムを正常に動作させるための制限が多いためです。エラーメッセージは修正すべき場所と理由を教えてくれていることが多く、英語といえども怖がらずに理解するように努めれば、問題をスピーディに解決できます。慌てずにエラーメッセージと向き合うようにしましょう。

さまざまなエラーの種類

以下、エラーの種類について簡単に説明していきます。

● IndentationError：インデントの不一致

今まで説明したとおり、Pythonではインデントのルールが明確に定められています。見落としてしまうことが多いので気を付けましょう。

インタラクティブシェル

```
for i in range(3):
    ans = i + 10
    print(ans)
```

実行結果

```
>>> for i in range(3):
...     ans = i + 10
...    print(ans)      ← インデントがずれている
File "<stdin>", line 3
  print(ans)
            ^
IndentationError: unindent does not match any outer
indentation level
```

● TypeError：型の不一致

文字列と数値をそのまま足そうとすると、エラーが起こります。

インタラクティブシェル

```
1 + "2"
```

実行結果

```
>>> 1 + "2"
Traceback (most recent call last):
  File "<stdin>", line 1, in <module>
TypeError: unsupported operand type(s) for +: "int" and "str"
```

こういうときは、型変換などをして対処します。

実行結果

```
>>> 1 + int("2")    ←── 数値として足し算したい場合
3
>>> str(1) + "2"    ←── 文字列としてつなげたい場合
"12"
```

リスト型とリスト型以外のものを足しても、このエラーが起こります。

インタラクティブシェル

```
[1] + 2
```

実行結果

```
>>> [1] + 2
Traceback (most recent call last):
File "<stdin>", line 1, in <module>
TypeError: can only concatenate list (not "int") to list
```

● IndexError：インデックスの不一致

リスト型を参照する際に、インデックスの範囲外を指定してしまうと、この
エラーが起こります。

インタラクティブシェル

```
a = [1, 2, 3]
a[4]
```

実行結果

```
>>> a = [1,2,3]
>>> a[4]
Traceback (most recent call last):
  File "<stdin>", line 1, in <module>
IndexError: list index out of range
```

◐ KeyError：辞書型の存在しないキーでアクセス

辞書型で存在していないキーでアクセスすると起きるエラーです。

インタラクティブシェル

```
b = {"a": 1, "b": 2}
b["c"]
```

実行結果

```
>>> b = {"a": 1, "b": 2}
>>> b["c"]
Traceback (most recent call last):
  File "<stdin>", line 1, in <module>
KeyError: "c"
```

◐ AttributeError

オブジェクトの属性の参照や代入の際に起きるエラーです。次の例では辞書型の変数にリスト型のメソッドであるappendを使ってデータを追加しようとして、エラーが出ています。

インタラクティブシェル

```
a = {"a": 1, "b": 2, "c": 3}
a.append(4)
```

実行結果

```
>>> a = {"a": 1, "b": 2, "c": 3}
>>> a.append(4)
Traceback (most recent call last):
  File "<stdin>", line 1, in <module>
AttributeError: 'dict' object has no attribute 'append'
```

NameError

変数が定義される前に使用されていることを示します。次の例では、count
という変数が宣言される前にcountへ1を加算する処理を行おうとしています。
回避するには、[count = 0]のような変数宣言を先に行います。

インタラクティブシェル

```
count += 1
```

実行結果

```
>>> count += 1
Traceback (most recent call last):
  File "<stdin>", line 1, in <module>
NameError: name 'count' is not defined. Did you mean: 'round'?
```

UnboundLocalError

関数内のローカル変数が定義される前に使用されていることを示します。次
の例でのエラーを回避するには、[greed = "hello"]の処理を[print（greed）]
より先に行います。

インタラクティブシェル

```
def func():
    print(greed)
    greed = "hello"

func()
```

---

3 エラーとの付き合い方とその他のエラー

```
>>> def func():
...     print(greed)
...     greed = "hello"
...
>>> func()
Traceback (most recent call last):
  File "<stdin>", line 1, in <module>
  File "<stdin>", line 2, in func
UnboundLocalError: local variable 'greed' referenced before
assignment
```

Import系（ImportError）

第11章で学ぶimportのエラーです。詳細は第11章をお読みください。

インタラクティブシェル

```
import date
```

実行結果

```
>>> import date
Traceback (most recent call last):
  File "<stdin>", line 1, in <module>
ModuleNotFoundError: No module named "date"
```

◆═══════════╡ *P O I N T* ╞═══════════◆

この章ではエラーの対処法を学びました

✔ **エラーには大きく分けて2種類あります**

  ・プログラムが動かないエラー
  ・動くが途中で止まってしまうエラー

✔ **例外処理とは、実行しているプログラムが
  エラーを出した場合、そこでの処理を中断し、
  別の箇所に記述された処理を行うことです**

  ・例外処理を行うにはtryとexceptを使用します
  ・入力値チェックは例外処置に頼らず
   if文で条件分岐を使います

Q1　次のコードのエラー箇所を指摘してください。

```
def add_10(num)
    add_num = int(num) + 10
    return add_num
add_10("10")
```

```
fruits = ["apple", "orange"]
for fruit in fruits:
print(fruit)
```

Q2　例外処理を行うために、次の [＿＿＿] に入るコードを答えてください。

```
def add_10(num):
    ❶
        add_num = num + 10
        print(f"add_num is {add_num}")
        return add_num
    ❷
        print("Error!")
```

第 **10** 章

型ヒント

Python は、単純にプログラムを書いて実行するだけなら型についての記述がなくても動作します。しかし、補助的に変数や関数の引数・返り値に型の情報を付与することで、より動作がわかりやすい記述ができます。

この章で学ぶこと

1＿型ヒントの基本を知る

2＿型ヒントの使い方を学ぶ

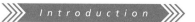

166

型ヒントの基本

動的型付け言語と静的型付け言語

　これまでのプログラムでは、文字列や数字などの型を持った変数を扱ってきました。しかし、変数の代入時にどの変数がどの型を利用するかという指定は、特に行っていませんでした。これは、Pythonが**動的型付け**と呼ばれる種類のプログラミング言語だからです。

　対照的にC言語のような**静的型付け**言語では、実行用プログラムを出力する**コンパイル**と呼ばれる作業で厳密に変数の型がチェックされ、その際、矛盾するところがあればエラーになってしまいます。

型ヒントとは

　Pythonは動的型付け言語のため、プログラム実行時には変数に型を指定する必要はなく、コンパイル手順を経ないまま実行できます。一方で、Python自体は内部で厳密に型を定義しているため、型を意識してプログラミングすることは必要です。例えば整数型と文字列型の足し算がエラーになることは第4章でも説明しました。ただし、普通の記述をしただけでは、実行されてなにかしらのエラーが出るまで記述が間違っていることに気付けません。

　一度書いたら二度と直さないようなプログラムならばともかく、ある程度メンテナンスされることがわかっているプログラムや、複数人が触る可能性のあるプログラムであれば、変数に入るべき型を明示することが重要です。

　Pythonではそのような要望に応えるべく、3.5以降のバージョンで**型ヒント**（Type Hints）という仕組みが導入されています。Pythonのバージョンによって指定の方法や使える構文が違ってきますが、この章ではバージョン3.9以降に対応したものを説明します。

10 __2 型ヒントの構文

　ここからは、実際に型ヒントの例を見ていきましょう。構文と合わせて説明していきます。

▌変数代入時

　ここでは、変数の代入時に型ヒントを付与する方法を説明します。基本の書式は次の通りです。

> **文法**
>
> 変数名：　型　＝　代入値

　実際の型の例を見ていきましょう。

● 整数型（int型）

　次の例では変数numberを整数型と宣言し、1を代入しています。

インタラクティブシェル

```
number: int = 1
```

● 文字列型（str型）

　次の例では変数number_strを文字列型と宣言し、"1"を代入しています。

インタラクティブシェル

```
number_str: str = "1"
```

リスト型 (list型)

次の例では変数number_listをリスト型と宣言し、[1, 2, 3] を代入しています。

```
number_list: list = [1, 2, 3]
```

辞書型 (dict型)

次の例では変数number_dictを辞書型と宣言し、{"a": 1} を代入しています。

```
number_dict: dict = {"a": 1}
```

None型

変数init_numberをNone型と宣言し、Noneを代入しています。None型とは第4章で登場したNoneType型のことです。

```
init_number: None = None
```

関数の引数と返り値

型ヒントは関数の引数と返り値にも設定できます。関数を利用する際に、仕様を把握しやすくなるため、関数を利用するときだけでも書いておくことをお勧めします。

ここでは第8章の最初に出てきたmake_greet関数を例に、型ヒントを付け加えていきます。

引数は、変数名:型という書式、返り値は関数宣言の : の前に -> 型 という書式になっています。

次のmake_greet関数を例にすると、引数のnameと返り値は、それぞれ文字列型です。

```
def make_greet(name: str) -> str:
    greet = f"Hello {name}-san"
    return greet
```

返り値がない場合は、Noneを指定します。

```
def greet_to(name: str) -> None:
    print(f"Hello {name}-san")
```

複合的な型付け

これから紹介するOptionalとUnionは、対象の変数が複数の型を取りうる場合に使用します。

● Optional

Optionalは、変数にNoneかそれ以外がある場合に設定します。

次の関数は数値の割り算を行うものですが、0での割り算をさせないよう、if節で割る数が0の場合はNoneを返すようにしています。

```
from typing import Optional          この構文は第11章で解説します

def divide_num(a: int, b: int) -> Optional[int]:
    if b == 0:
        return None
    return a // b
```

● Union

Unionは、変数に2種類以上の型からいずれかが入る場合に設定します。

次の関数は数値の掛け算を行うものです。引数の数値が文字列である場合も対応できるように、int()関数で型変換しています。引数に［Union[int, str]］を指定することで、intとstrのどちらも入ってくることが表現できます。

インタラクティブシェル

```
from typing import Union

def multiply_num(a: Union[int, str], b: Union[int, str]) -> int:
    a_int = int(a)
    b_int = int(b)
    return a_int * b_int
```

またPython3.10以降では、これらの構文をより簡潔に書けるようになりました。詳しくは章末のコラムを参照してください。

● Any型

変数にどの型を付ければよいかわからない場合に用いるのが**Any**です。サードパーティのライブラリやシステム外部のAPIから入ってくる値などに用います。本書の冒頭でも説明したように、元々、Pythonでは型情報は必須のものではありませんが、あえてAnyを指定することでどんな型が必要かわからないことを明示できます。

インタラクティブシェル

```
from typing import Any

api_result: Any = []    ← 後で利用するが、どんな値が入ってくるかわからない
```

Column

最新版のPythonでより簡潔に型ヒントを書こう

Python3.10からはUnionの書き方がより簡潔なものになります。
書式は[1つ目の型 | 2つ目の型]となり、この章で説明した[Union[int, str]]は、[int | str]と書けます。
関数multiply_numをこの記法で書くと、次のようになります。

インタラクティブシェル

```
def multiply_num(a: int | str, b: int | str) -> int:
    a_int = int(a)
    b_int = int(b)
    return a_int * b_int
```

また2つ目の型にNoneを指定することで、Optionalの代わりになります。例えば、[Optional[int]] は、[int | None] と記述できます。関数divide_numをこの記法で書くと、次のようになります。

インタラクティブシェル

```
def divide_num(a: int, b: int) -> int | None:
    if b == 0:
        return None
    return a // b
```

このように簡単に書けるようになりましたが、Python3.9以前のバージョンではエラーになってしまうことは覚えておきましょう。

C o l u m n

一歩進んで型ヒントをコードチェックに利用する

この章では自分で型付けを行う方法を紹介してきましたが、それらが正しく設定されているかをチェックするライブラリも存在します。特に有名なのがmypyです。mypyはPythonの標準ライブラリではないため、別途インストールや設定が必要です（外部ライブラリのインストールについては第11章で紹介します）。

準備の詳細はこの本では省きますが、ここではmypyの使用例を紹介します。チェックしたいファイルとして、この章で紹介したdivide_num関数をあえて間違って使うPythonファイルをtry_mypy.pyとして作成します。

リスト10-1 try_mypy.py

```
from typing import Optional

def divide_num(a: int, b: int) -> Optional[int]:
    if b == 0:
        return None
    return a // b

divide_num(10, "3")  ← 呼び出し時に2つ目の引数が文字列型になっている
```

　　　　　　🖊 型ヒントの構文

その後、ターミナルから次のコマンドを実行し、mypyをインストールします。

ターミナル

```
pip install mypy
```

mypyがインストールできたら、ターミナルから次のコマンドを実行します（mypyの設定によっては、コマンドが一部変更になる可能性があります）。

ターミナル

```
mypy try_mypy.py
```

実行結果

```
try_mypy.py:8: error: Argument 2 to "divide_num" has
incompatible type "str"; expected "int"
Found 1 error in 1 file (checked 1 source file)
```

上記のような結果が表示され、divide_num関数の引数が期待している型と違っていることを教えてくれます。また、コマンド以外でもVS Codeの拡張機能として導入でき、コードを書いている段階でmypyによるチェックを行えます。本書では詳細な説明は割愛しますが、興味があればぜひ調べてみてください。

＝＝＝ ◁ P O I N T ▷ ＝＝＝

この章では型ヒントについて学びました

- ✔ 型ヒントとは変数の型を明示できる文法です

- ✔ 全ての変数・返り値にヒントを付ける必要はなく、
  1つから導入できます

- ✔ intやstrのような基本的な型から、
  OptionalやUnionのような複合的な型まで定義できます

 はこの段落内で本文内に挿入されている矢印画像です。

Check Test

Q1 引数のnameと返り値がそれぞれ文字列型であるという想定の
とき、次のコードに適切な型ヒントを付与してください。

```
def make_greet(name: ) -> :
    greet = f'Hello {name}-san'
    return greet
```

Q2 整数型か文字列型が入る場合の型ヒントの書き方について、次
のそれぞれについて確認してください。

・Python3.5からPython3.9までの書き方
・Python3.10から使える書き方

2 型ヒントの構文

第 **11** 章

スクリプト、モジュール、
パッケージ

これまではインタラクティブ
シェルを通じて Python の処理
を実行しながら進めてきました。
しかし、一度インタラクティブ
シェルを抜けてしまうと途中で
定義した変数や関数は消え去っ
てしまいます。少し長めのプロ
グラムを実行したいときや、定
期的に同じプログラムを実行し
たいときは入力する処理をファ
イルに記載して保存しておくと
便利に利用できます。

この章で学ぶこと

1 __ モジュールの基本について学ぶ

2 __ サードパーティパッケージをインストールする

スクリプト

　この章ではPythonの処理をファイルに保存する方法と、保存したファイル
をどのように使っていくかを紹介していきます。第3章で作成したVS Codeの
［surasura-python］の中に［chapter11］というフォルダを作成してください。
本章で扱うプログラムは、この［chapter11］の中に保存していきます。

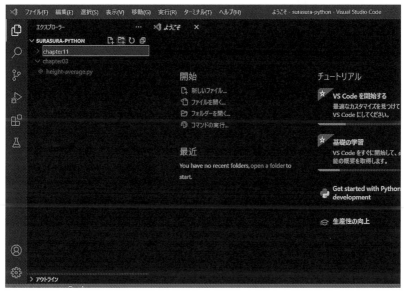

［chapter11］フォルダを作る

スクリプトの基本

　Pythonはプログラムの処理内容を記載したファイルを、そのままプログラム
として実行できます。例えば、［fruits.py］というファイルが［chapter11］フォ
ルダにあるとします（リスト11-1）。［fruits.py］の内容は第7章で登場した処
理をそのままファイルに記載したものです。

fruits.py

```
fruits_dict = {"apple": 100, "orange": 150, "banana": 200}
for key, value in fruits_dict.items():
    print(key, value)
```

この［fruits.py］はターミナル上で次のようにして実行できます。

［Windows］ターミナル

```
cd ~\Documents\surasura-python\chapter11
python fruits.py
```

［macOS］ターミナル

```
cd ~/Documents/surasura-python/chapter11
python3 fruits.py
```

すると、それぞれ次のとおり出力されます。

実行結果 ［Windowsの例］

```
PS C:\Users\surapy\Documents\surasura-python> ↵
cd ~\Documents\surasura-python\chapter11
PS C:\Users\surapy\Documents\surasura-python\chapter11> ↵
python fruits.py
apple 100
orange 150
banana 200
```

実行結果 ［macOSの例］

```
surapy@macbook-pro surasura-python % ↵
cd ~/Documents/surasura-python/chapter11
surapy@macbook-pro chapter11 % python3 fruits.py
apple 100
orange 150
banana 200
```

インタラクティブシェルで1行ずつ入力した場合と、同様の結果であること
がおわかりでしょうか。このように、Pythonの処理内容をファイルに保存し、

実行する方法はシンプルです。これまでインタラクティブシェルに入力してきた内容をそのままテキストファイルに記載して保存し、実行するだけでいいのです。

　特に今回のようなプログラムの処理内容を記載したファイルで、そのままプログラムとして実行が可能なものを**スクリプト**と呼びます。

　Pythonのスクリプトを実行するときは次のようにします。

文法

```
python <スクリプト名>.py
```

　Pythonで長めの処理を実行する場合は、一度スクリプトとして保存してしまえば、上記のように1回のコマンドで確実に処理を行うことができます。スクリプトは同じ処理を何度も行う場合や、Pythonがインストールされている別のパソコンでも同じ処理をしたい場合に重宝します。

第11章 スクリプト、モジュール、パッケージ

2 モジュール

モジュールの基本

Pythonはスクリプトファイルを作成することで、ファイルに記録したプログラムをそのまま実行できることを紹介しました。しかしながら、Pythonの処理を記載したファイルは、スクリプトのようにプログラムとして実行するものだけではありません。

次の内容が記載された［greet.py］というファイルが［chapter11］フォルダにあるとします。この内容は第8章で登場した関数を記載したものです。

> リスト11-2　greet.py

```python
def greet_to(name):
    print(f"Hello {name}-san")

def make_greet(name):
    greet = f"Hello {name}-san"
    return greet
```

この［greet.py］を［fruits.py］のときと同様に、ターミナルで実行してみます。

ターミナル

```
python greet.py
```

実行結果　Windowsの例

```
PS C:\Users\surapy\Documents\surasura-python\chapter11> 🔁
python greet.py
PS C:\Users\surapy\Documents\surasura-python\chapter11>
```

何も表示されないですね。[greet.py] には関数の定義が記載されているだけで、定義された関数を呼び出す処理は記載されていません。つまり [greet.py] には実際に何かを行う処理は記載されていないのです。そのため、[greet.py] を実行をしても何も処理は行われません。何も処理が行われないので表示する内容がなく、結果としてターミナルにも何も表示されないのです。

では、この [greet.py] は意味がないかといえば、そんなことはありません。[greet.py] の中に記載されている greet_to 関数は、別の Python プログラムから呼び出すことができます。インタラクティブシェルから、この greet_to 関数を呼び出してみましょう。ターミナルで [greet.py] が保存されている [chapter11] フォルダを開いた状態で、インタラクティブシェルを起動してください。

［Windows］ターミナル

```
cd ~\Documents\surasura-python\chapter11
python
```

［macOS］ターミナル

```
cd ~/Documents/surasura-python/chapter11
python3
```

インタラクティブシェルが起動できたら、次のとおりに入力してください。

インタラクティブシェル

```
import greet
```

実行結果

```
>>> import greet
>>>
```

import は、Python の処理が記載された他のファイルの内容を取り込むときに利用する宣言です。[greet.py] のファイル名から拡張子 .py を除いた greet と指定することで、[greet.py] の内容を取り込んでいるのです。

それでは、続けて次のように入力してください。

インタラクティブシェル

```
greet.greet_to("Tanaka")
```

実行結果

```
>>> greet.greet_to("Tanaka")
Hello Tanaka-san
```

　取り込んだ［greet.py］の内容は、importで指定したファイル名「greet」に
続けて．（ドット）を頭に付けることで呼び出すことができます。上記の例では
［greet.greet_to］という形で、［greet.py］に記載されているgreet_to関数を呼び
出しています。make_greet関数も同様に呼び出すことができます。
　［greet.py］のように、外部から呼び出して利用する前提で関数などの定義を
保存したファイルを**モジュール**と呼びます。モジュールは、importを使ってプ
ログラムに取り込むことができます。実際にモジュールを取り込むには、基本
的には次のような書き方をします。

文法

import ＜拡張子なしのファイル名＞

　importで取り込んだ後は、次の形式でモジュールの中で定義されている関数
などを呼び出すことができます。

文法

＜拡張子なしのファイル名＞．＜ファイルの中に定義されている関数名＞( )

　モジュールは、頻繁に利用する関数を保存しておきたい場合に作成すると便
利です。

より便利な import のやり方

importはfromやasと組み合わせて利用することで、モジュールの取り込み方をコントロールできます。それぞれどのようなことができるのかを紹介します。

○ from

fromを使うことによって、取り込む対象をより絞り込むことができます。

［greet.py］の場合は、次のように書くことができます。この場合、［greet.py］で定義されているgreet_to関数に絞って取り込んでいます。importする対象がgreetからgreet_to関数そのものになるので、greet_to関数のみを呼び出すことができます。

インタラクティブシェル

```
from greet import greet_to
greet_to("Tanaka")
```

実行結果

```
>>> from greet import greet_to
>>> greet_to("Tanaka")
Hello Tanaka-san
```

取り込んだのはgreet_to関数のみなので、make_greet関数を呼び出すことはできません。

```
>>> make_greet("Tanaka")
Traceback (most recent call last):
  File "<stdin>", line 1, in <module>
NameError: name 'make_greet' is not defined
```

as

　asを使えば、対象の名前を変更して取り込むこともできます。例えば、[greet.py]の場合は次のように書くことができます。

```
import <拡張子なしのファイル名> as <取り込んだ後に使う名前>
```

インタラクティブシェル

```
import greet as gt
gt.greet_to("Tanaka")
```

```
>>> import greet as gt
>>> gt.greet_to("Tanaka")
Hello Tanaka-san
```

　gtという名前で[greet.py]をimportしています。asは元のファイル名や関数名を短いものへ置き換えるために利用されることが多いです。ただし、元の関数からあまりにもかけ離れた名前にしてしまうと、何を取り込んだのかわからなくなります。また、asを使いすぎると関数や変数がどこで定義されたものなのかわかりにくくなってしまうので注意しましょう。

標準ライブラリ

Pythonにはインストールした際に多くのモジュールが付属しています。例えば、日時を扱うことに特化したdatetimeというモジュールがあります。このdatetimeモジュールは、特にファイルを用意しなくとも次のようにいきなりimportして利用できます。

インタラクティブシェル

```
import datetime
datetime.datetime.now()
```

実行結果

```
>>> import datetime
>>> datetime.datetime.now()
datetime.datetime(2021, 10, 13, 16, 0, 50, 352466)
```

このように、Pythonそのものに最初から含まれているモジュールのことを**標準ライブラリモジュール**または単に**標準ライブラリ**と呼びます。本書では「標準ライブラリ」の表記で統一をします。

Pythonは標準ライブラリの種類が豊富です。テキストの処理を便利に行うものやファイルを扱うもの、インターネットアクセスを扱えるものなど、扱える処理内容の幅はとても広いです。

本書では具体的なライブラリの説明は割愛しますが、気になる方は翔泳社のサイトからダウンロードして利用できる本書の付属データに収録した「ドキュメントの読み方、見つけ方」とともに、Python標準ライブラリに目を通してみるのがよいでしょう。

- ライブラリーリファレンス
  https://docs.python.org/ja/3/library/index.html

3 パッケージ

パッケージの基本

パッケージとは複数のモジュール、つまり複数のPythonファイルをまとめたものをいいます。フォルダに［__init__.py］モジュールを作ることで1つのPythonパッケージにできます。［__init__.py］自体は空でも構いません。例えば、次のような構成でファイルがある場合を考えます。

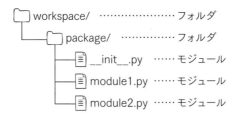

```
workspace/  …………………… フォルダ
  package/  …………… フォルダ
    __init__.py  …… モジュール
    module1.py  …… モジュール
    module2.py  …… モジュール
```

このとき、［package］フォルダ配下に［__init__.py］というモジュールがあるため、packageフォルダは［__init__.py］［module1.py］［module2.py］を含むPythonパッケージとなります。

パッケージ名はフォルダ名がそのまま利用されます。今回の場合は［package］という名前のPythonパッケージということになります。［workspace］フォルダにてインタラクティブシェルを起動すればfromとimportを使ってpackageに含まれるモジュールを取り込むことができます。

リスト11-2　パッケージを利用するサンプルコード

```
from package import module1
module1.function()  ━━━ function()はmodule1の中に定義された関数
```

処理の意味ごとにファイルを分けると、importする際にもどのような処理を
するモジュールや関数を取り込むのか明確になり、プログラムで何をしようと
しているのかが読み取りやすくなります。

サードパーティパッケージ

　Pythonには作成したパッケージをインターネット上に公開する仕組みがあり
ます。PyPI（Python Package Index）と呼ばれるもので、誰でも自由にパッケー
ジをアップロードできます。

PyPI の公式サイト　https://pypi.org/

　ここでは、PyPIにアップロードされているパッケージの利用方法を紹介しま
す。

● pipコマンドによるPyPI上のパッケージのインストール

Pythonには標準で**pip**というコマンドが含まれています。このpipコマンド
を利用することで、PyPIにアップロードされているパッケージをインストール
できます。使い方は次のとおりです。

［Windows］ターミナル

```
pip install (インストールしたいパッケージ名)
```

［macOS］ターミナル

```
pip3 install (インストールしたいパッケージ名)
```

> **注意** 以降、本書でpipコマンドを扱う際は、単に［pip］と記載をしますが、macOSの場合
> は［pip3］に置き換えて実行するようにしてください。

例えば、requestsというWebサイトの情報を取得する際に役に立つパッケー
ジがあります（第12章参照）。このパッケージをインストールするにはターミ
ナルから次のコマンドを実行します。

> **注意** pipコマンドは、Pythonのインタラクティブシェルで実行するものではないのでご注意
> ください。

ターミナル

```
pip install requests
```

上記のコマンドを実行すると、PyPIのサイトからパッケージファイルのダウ
ンロードが始まり、インストールされます。ターミナルの画面は、次のような
内容になります。

```
PS C:\Users\surapy> pip install requests
Collecting requests
  Downloading requests-2.26.0-py2.py3-none-any.whl (62 kB)
  ... (中略) ...
Installing collected packages: urllib3, idna, charset-
normalizer, certifi, requests
Successfully installed certifi-2021.10.8 charset-
normalizer-2.0.6 idna-3.2 requests-2.26.0 urllib3-1.26.7
```

インストールが完了すると、インタラクティブシェルやスクリプトにおいて標準ライブラリと同様にpipコマンドでインストールしたパッケージがimportできるようになります。再度、Pythonインタラクティブシェルを立ち上げて、試してみましょう。次のとおりに入力すると、特にエラーも表示されずにimportができます。

インタラクティブシェル

```
import requests
```

実行結果

```
>>> import requests
>>>
```

PyPIには世界中のPythonユーザーによって作成されたさまざまなパッケージがアップロードされています。標準ライブラリではサポートしきれていない処理を便利に行えるパッケージが多く存在します。必要に応じて利用すると、効率的にプログラムを作成できます。

Column

importするファイルがある場所

importは対象となるファイルをPythonが自動的に検索して見つかった
場合に行われます。検索するといっても、パソコンのファイル全てか
ら検索をするわけではなく、特定のフォルダに対象を絞って検索します。
具体的には、次の順番で検索を行います。

❶ カレントディレクトリ
❷ 環境変数PYTHONPATHに指定されているフォルダ
❸ Pythonのインストールされているフォルダ

それぞれ説明をします。

❶の**カレントディレクトリ**とは、Pythonスクリプトの実行やインタラ
クティブシェルを実行する際に開いているフォルダのことを指します。
❷の**環境変数**とは、WindowsやmacOSが提供するOSの機能です。
この環境変数にPYTHONPATHという変数と、変数の値を指定できます。
PYTHONPATHにフォルダのパスを指定すると、importの検索対象にな
ります。
❸はそのままの意味で、Python本体がインストールされているフォル
ダを指します。標準ライブラリはPython本体のインストールフォルダ
に含まれます。また、pipでインストールするパッケージは、Pythonが
インストールされているフォルダ配下にインストールされます。いず
れもimportするファイルの検索対象なので、特にどこにファイルがあ
るのかを気にせずにimportができていたのです。

この章ではスクリプト、モジュール、パッケージについて学びました

✔ プログラムの処理内容が記載されたファイルで、そのまま実行できるものをスクリプトと呼びます

✔ プログラムの処理内容を記載したファイルで外部から呼び出して利用する前提のものをモジュールといいます

✔ 複数のモジュールをひとまとめにしたものをパッケージといいます

✔ pipコマンドを利用することで、PyPIのサイトからサードパーティのパッケージをインストールできます

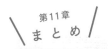
■ Check Test

Q1 以下の内容が含まれるモジュール［calc.py］を作成して、インタラクティブシェルでimportできることを確認ください。また、importができたらsum_numberメソッドを用いて、1 + 2を計算してみてください。

```
def sum_number(val1, val2):
    return val1 + val2
```

Q2 標準ライブラリのosには、現在の作業ディレクトリを表す文字列を返すgetcwdメソッドが含まれています。インタラクティブシェルでosモジュールを使い、現在の作業ディレクトリを調べてみてください。

Q3 pytzという、タイムゾーンを扱うことができるサードパーティ製パッケージがあります。pytzのインストールを行い、importできることを確認してください。

第 **12** 章

Webスクレイピング

この章からはこれまで扱った基本的な内容を基に、プログラムを書いていきます。実際に手を動かしながら、これまで扱った内容の理解を深めていきましょう。少し難しいですが、おさらいも含めながら必要な知識を解説しつつ進めていきますので、安心してください。

この章で学ぶこと

1 __ Webスクレイピングってなんだろう?

2 __ Webページを表示する仕組み

3 __ Webスクレイピングができるようになる

Webスクレイピング

　本章ではPythonを使ったプログラミングの例として、**Webスクレイピング**と呼ばれる手法の処理を用いたプログラムを実際に書いていきます。プログラムの内容はPython Boot Camp（初心者向けPythonチュートリアル）のWebサイトから開催済みの開催地の一覧を取得するというものです。

　新しい言葉が出てきますが、これまで扱った知識とWebサイトを表示する仕組みの基本を押さえれば難しくはありません。確実に1歩ずつ進んでいきましょう。

Python Boot Camp（https://www.pycon.jp/support/bootcamp.html）

Webスクレイピングとは

　この章で扱うWebスクレイピングとはどういうことなのかを、最初に整理しましょう。**Webスクレイピング**は、簡単に言ってしまえば、Webサイトから自分が欲しい情報を抜き出す技術です。Webクローリングと呼ばれることもありますが、本書ではWebスクレイピングで統一します。

Webページを表示する仕組み

　Webスクレイピングについて解説する前に、そもそもWebページを表示するにはどういった処理が必要になるかを理解し、Webサイトがどのように表示されているのかを押さえましょう。

　パソコンはもちろんスマートフォンでも、Webサイトにアクセスすることによりさまざまな情報を得ることができます。どのようなWebサイトも必ず次のような手続きを踏んでいます。

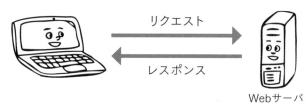

リクエストの様子

　Webサーバというのは、Webサービスを表示するのに必要なプログラムが稼働しているサーバのことです。Webサーバへ情報を求める通信を送り、Webブラウザで表示するために必要な情報を受け取ります。このときの情報を求める通信のことを**リクエスト**、Webサーバからの応答のことを**レスポンス**と呼びます。

　Webサーバから受け取る情報は、文章や画像、映像などの情報が記載されたHTMLと呼ばれる形式です。WebブラウザはこのHTMLから情報を理解して、人間が読みやすい形式でブラウザへ表示してくれているわけです。また、このようなWebサーバとのHTMLのやり取りを**HTTP通信**と呼びます。

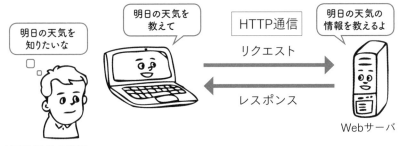

HTTP 通信の様子

Web サイトを表示する主な技術

用語	意味
Web サーバ	Web サービスを提供するためのシステムが稼働しているサーバ
リクエスト	Web サーバに対して、情報を表示するように求める通信
レスポンス	Web サーバに対して送ったリクエストに対する Web サーバからの応答。実際に Web ブラウザで表示をするための情報が含まれる
HTML	HyperText Markup Language の略。Web サイトにおける文章を記述するための方式で、リンクや画像などをテキストで表現することができる
HTTP 通信	Web サーバと HTML をやり取りする際の通信方式。リクエストやレスポンスも HTTP 通信を介して行われる

Web スクレイピングの手順

　繰り返しになりますが、Web スクレイピングとは Web サイトから自分の欲しい情報に絞り込んで収集する技術のことをいいます。自分で欲しい情報を絞り込んで収集するだなんて魔法のように思えるでしょう。しかしながら、必要な処理を洗い出すと、どうやれば実現できるかが見えてきます。

　やることの流れを書き出すと次のとおりです。基本的には先ほど説明した Web ページを表示する仕組みと同様のことを行います。

❶ Webサーバへページを表示する情報を取得するためのリクエストを送る

❷ 受け取ったレスポンスのHTMLから自分の欲しい情報を見つけ出す

❸ 見つけ出した欲しい情報を使いやすい形で出力する

❶ Webサーバへページを表示する情報を取得するための リクエストを送る

　まずはWebサイトから情報を取得する作業を行います。Pythonでこの処理を行うには**requests**というサードパーティ製パッケージを使用します。このパッケージは公式サイトの文言にもありますが、「人間のためのHTTP」とあるほど読みやすく使いやすいパッケージです。

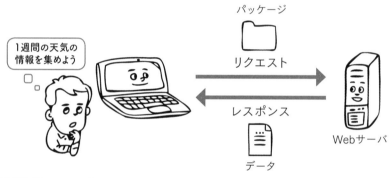

情報取得のイメージ

❷ 受け取ったレスポンスのHTMLから自分の欲しい情報を 見つけ出す

　ただ情報を取得しただけでは［<div>テキスト</div>］のようなタグ記法が入り組んだ状態で、Webブラウザに取っては読みやすくても、人間がそのまま読むのは骨が折れます。また、ページ全体を取得することになり自分にとって不必要な情報もたくさん含まれています。

　PythonにはBeautifulSoupというHTMLの解析ができるサードパーティ製パッケージがありますので、それを利用しましょう。HTMLの中から自分の欲しい情報を抜き出す助けとなってくれます。

不必要な情報が多いと不便

❸ 見つけ出した欲しい情報を使いやすい形で出力する

　自分が欲しい情報を抜き出すことができたら、扱いやすい形式に変換を行い、表示したり、ファイルやデータベースに保存したりする作業が必要です。せっかく情報を抜き出しても、それを活用できないと意味がありません。これらの方法は出力する形式にもよりますが、print関数を用いて表示するだけでもよいです。他にもテキストファイルに書き出したり、サードパーティ製パッケージを用いてエクセルファイルやデータベースに保存できたりもします。

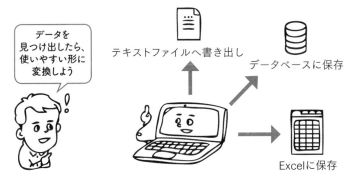

情報はさまざまな形に変換、保存できる

　いかがでしょう、Webスクレイピングのプログラムを作るイメージはできたでしょうか。次の節からいよいよ実際にプログラムを作っていきます。

Webサイトの情報を
取得してみよう

PythonでWebサイトの情報を取得してみましょう。ここではPythonプログラムがインターネットを通じてWebサイトにアクセスを行い、プログラム上で情報を表示するところまでを目指します。

プログラムを書き始める前の準備

第3章で作成した［surasura-python］フォルダの中に［chapter12］という新しいフォルダを作ってください。この章では、作成したプログラムはこの［chapter12］の中に保存していきます。また、ターミナルでも［chapter12］へ移動しておきましょう。

ターミナル（Windows の場合）

```
cd ~\Documents\surasura-python\chapter12
```

ターミナル（macOS の場合）

```
cd ~/Documents/surasura-python/chapter12
```

requests の動きを探ろう

ここからは第11章でインストールをしたパッケージ、requestsを利用していきます。もしまだインストールしていない方は、**11-3**で紹介している「pipコマンドによるPyPI上のパッケージのインストール」を参照し、requestsをインストールしてください。requestsのインストールができたら、今回の目的のサイトにrequestsを使ってアクセスしてみましょう。Python Boot Camp（初心者向けPythonチュートリアル）の開催済みの開催地情報を閲覧できる、次のURLを使います。

```
https://www.pycon.jp/support/bootcamp.html
```

　インタラクティブシェルを起動し、次のように入力してください。すると実行結果が返ってきます。

インタラクティブシェル

```
import requests
url = "https://www.pycon.jp/support/bootcamp.html"
requests.get(url)
```

実行結果

```
>>> import requests
>>> url = "https://www.pycon.jp/support/bootcamp.html"
>>> requests.get(url)
<Response [200]>
```

　<Response [200]>という結果が表示されています。requests.getはWebサーバからのレスポンス情報が含まれるオブジェクトを返します。このオブジェクトを通じて、Webサイトの情報を取得できます。例えば次のように入力すると、Webサーバからの応答結果の種類を表す**ステータスコード**という数値が表示されます。正常に応答があった場合は、200が表示されます。

インタラクティブシェル

```
requests.get(url).status_code
```

実行結果

```
>>> requests.get(url).status_code
200
```

Webサーバからの応答結果を表すステータスコード

　Webサーバはレスポンスを返す際に、単純にHTMLの情報以外にも通信に必要なさまざまな情報を返します。ステータスコードはその情報

の中に含まれているもので、「リクエストを受け取った結果、Webサーバはどう処理をしたのか」を3桁の数字で表したものです。3桁目の数字で大まかな意味が次のように決まっています。

- 2XX：リクエストは正常な処理 を行うことができている状態
- 3XX：リクエストを送った先にあった情報が別の場所に移動したなどの転送をうながされている状態
- 4XX：リクエストを送信した側で、何らかの誤りがある状態
- 5XX：リクエストを受信した側で、何らかの問題が発生している状態

具体的なものは種類が多いので、ここではよく見かけるものを紹介します。

主なステータスコード

code	意味	内容
200	OK	何も問題なく処理され、レスポンスが返された。ほとんどのリクエストはこのステータスコードを受け取っている
403	Forbidden	禁止されているアクセスのため拒否された。特定の地域や会社からでなければ表示ができないページに対し許可されていない場所からアクセスをした際などに表示される
404	Not Found	アクセスを試みたページがWebサーバ上に見つからなかった
500	Internal Server Error	Webサーバで何らかの問題が発生して、正常にレスポンスを返せない状況
503	Service Unavailable	Webサーバがメンテナンスや急激なアクセス増加などで一時的にレスポンスを返せない状況

　返されたオブジェクトにどういう情報が入っているのかを確かめていきましょう。ただし、何度も［requests.get］を実行すると、Webサイトを動かしているサーバに思わぬ負荷を与えてしまうこともあります。そこで、一度結果を変数

で受け取ります。ここでは結果であることがわかるように、resultという名前
の変数で受け取ります。

```
result = requests.get(url)
```

result変数がどういう状態になっているか見てみましょう。インタラクティ
ブシェルにそのままresultと入力して、内容を確認して見てください。

```
result
```

実行結果

```
>>> result = requests.get(url)
>>> result
<Response [200]>
```

直接［requests.get］を入力したときと同じ結果が表示されます。ではresult
変数に［.status_code］をつけてみるとどうでしょうか。

```
result.status_code
```

実行結果

```
>>> result.status_code
200
```

こちらも同じ結果になりました。変数resultが［requests.get］を実行した結
果をそのまま保持していることがおわかりでしょうか。実際に［requests.get］
の処理の結果がどのようなものかは、この変数resultを使って確かめていきます。
今回サイトから取得したい情報は文字情報です。そのためにはステータスコー
ドではなく、Webサイトで表示されている文字情報が必要です。Webブラウザ
で表示するために読み込むテキスト情報は、［.text］を利用することで取得で

きます。インタラクティブシェルで試してみましょう。

インタラクティブシェル

```
result.text
```

実行結果

```
>>> result.text
'\n<!DOCTYPE html>\n\n<html lang="ja">\n  <head>\n    <meta
charset="utf-8" />\n    <meta name="viewport" content="width
=device-width, initial-scale=1.0" />\n    <title>Python Boot
Camp(a\x88\x9da?\x83e\x80\x85a\x90\x91a\x81\x91Pythona\x83\x81
a\x83\a\x83?a\x83\x88a\x83aa\x82¢a\x83«) &#8212; PyCon JP</
title>\n    <link rel="stylesheet" href="../_static/pygments.
css" type="text/css" />\n    <link rel="stylesheet" href="../
_static/my.css" type="text/css" />\n
... (略) ...
```

　たくさんのHTMLタグと、ところどころ「Python」のような人が読めそう
な単語も混じっています。これは、ブラウザがWebサイト（この例の場合は、
https://www.pycon.jp/support/bootcamp.html）を表示する際に読み込んでいる
情報です。ですが、中には「c´¢a?\x95」のような記号であるのはわかるも
のの、読むことが困難な文字も混ざっています。これは文字化けと呼ばれる現
象で、大まかにいうならばプログラムが文字の種類を正しく認識できていない
ときに発生するものです。
　requestsを利用している場合は次のようにすることで、文字の種類を正しく
認識させることができます。

インタラクティブシェル

```
result.encoding = result.apparent_encoding
result.text
```

実行結果

```
>>> result.encoding = result.apparent_encoding
>>> result.text
'\n<!DOCTYPE html>\n\n<html lang="ja">\n  <head>\n    <meta
charset="utf-8" />\n    <meta name="viewport" content="width=
device-width, initial-scale=1.0" />\n    <title>Python Boot
```

　　　　　2　Webサイトの情報を取得してみよう

```
Camp ( 初心者向け Python チュートリアル )  &#8212; PyCon JP</title>\n
<link rel="stylesheet" href="../_static/pygments.css" type="
text/css" />\n    <link rel="stylesheet" href="../_static/my.
css" type="text/css" />\n

... ( 略 ) ...
```

　これで、ところどころおかしな記号になっていた文字も正しく表示されるよ
うになりました。ここまでの操作を改めて書き出すと次のとおりです。

❶ requests.get の引数に Web ページの URL を指定する
❷ 1. の結果を result 変数で受け取る
❸ ［result.encoding = result.apparent_encoding］で文字の種類を正しく認識させる
❹ result 変数から .text を利用してテキスト情報を取得する

　これが、requests を使って Web サイトから情報を取得する基本となる方法です。

第12章 Web スクレイピング

Column

文字化けの対応と文字エンコーディング

文字化けの回避策として、プログラムが文字の種類を正しく認識でき
るよう、次のコードで対策をしました。

```
result.encoding = result.apparent_encoding
```

ここで登場している ［result.apparent_encoding］は、result の内容を
解析し、利用されている文字の種類を判断した結果を返します。試し
に result.encoding に代入せずに実行すると、次のような結果になります。

インタラクティブシェル

```
result.apparent_encoding
```

2　Web サイトの情報を取得してみよう

205

実行結果

```
>>> result.apparent_encoding
'utf-8'
```

実行結果に現れる［utf-8］というのが、文字の種類を表します。この値がresult.encodingに入ることで「resultで扱う文字の種類は［utf-8］である」と認識するようになります。

ところで、ここまでの説明で利用した文字の種類というのは、一般的に**文字エンコーディング**と呼ばれます。文字エンコーディングについては、本書で扱う範囲においては詳細を把握する必要はないため、解説は特に行いません。もし興味がありましたらWeb検索や書籍等で調べてみるとよいでしょう。

● requestsを使ってWebサイトの情報を取得する プログラムを書いてみよう

先ほどまでのインタラクティブシェルで実行した結果をPython実行形式ファイルに書き出してみると、リスト12-1のとおりになります。

リスト12-1　bootcamp_venues.py

```
import requests

url = "https://www.pycon.jp/support/bootcamp.html"
result = requests.get(url)
result.encoding = result.apparent_encoding
print(result.text)
```

この内容を作業用フォルダ［chapter12］の中に［bootcamp_venues.py］という名前で保存してみてください。

bootcamp_venues.py を保存する

リスト 12-1 を 1 行ずつ解説します。

```
import requests
```

これは requests を利用するための宣言です。第11章でも出てきましたね。

```
url = "https://www.pycon.jp/support/bootcamp.html"
result = requests.get(url)
```

次は requests の get 関数を用いて Python Boot Camp のサイトにアクセスをし、Web サーバから返される情報を result 変数で受け取っています。先ほどインタラクティブシェルで確認した際に入力した内容と一緒ですね。

```
result.encoding = result.apparent_encoding
```

ここでは result で扱う文字の種類を正しく扱うための処理をしています。こちらも先ほどのインタラクティブシェルで入力した内容と一緒ですね。

```
print(result.text)
```

result.text は通常、Web サイトに表示される情報を文字列として取得できるものでした。これをそのまま print 関数に渡し、結果を画面に表示しています。インタラクティブシェルでは print はつけなくとも変数の中身は確認できましたが、プログラムをスクリプトとして実行する際には print 関数が必要になります。この［bootcamp_venues.py］が保存できたら、スクリプトファイルを

Pythonコマンドに渡して実行してみましょう。次のコマンドをターミナルから入力してみてください。

ターミナル

```
python bootcamp_venues.py
```

実行結果 Windowsの例

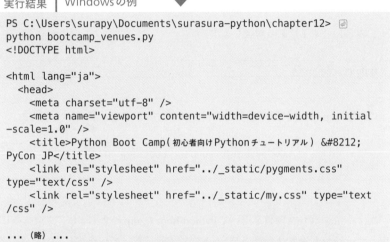

```
PS C:\Users\surapy\Documents\surasura-python\chapter12>
python bootcamp_venues.py
<!DOCTYPE html>

<html lang="ja">
  <head>
    <meta charset="utf-8" />
    <meta name="viewport" content="width=device-width, initial
-scale=1.0" />
    <title>Python Boot Camp(初心者向けPythonチュートリアル) &#8212;
PyCon JP</title>
    <link rel="stylesheet" href="../_static/pygments.css"
type="text/css" />
    <link rel="stylesheet" href="../_static/my.css" type="text
/css" />

... (略) ...
```

[python bootcamp_venues.py] の実行結果

これで第一段階の「Webサイトの情報を取得する」というところまでたどり着けました。たった6行のスクリプトファイルですが、プログラムらしくなってきました。しかしながら、この実行結果のままではWebブラウザで直接見たほうが見やすいです。「Python Boot Campの開催済みの開催地」以外にもたくさんの情報が表示されてしまっています。

　次の節ではここで取得したHTML形式のテキストを元に、欲しい情報を抜き出す処理を書いていきます。引き続き便利なパッケージを使うので、ひとつひとつ理解しながら進んでいきましょう。

GETリクエストとPOSTリクエスト

　W ebサーバに対してリクエストを送信する方法にはいくつか種類がありますが、代表的なものに **GETリクエスト** と **POSTリクエスト** があります。この章で登場するrequestsのget関数はGETリクエストを行うものであり、同様にPOSTリクエストを行うpost関数も存在します。

　いずれも基本的な通信方法は一緒ですが、Webサーバに対して何らかのデータを送信する際に違いが現れます。詳細は割愛しますが、Webサーバへアクセスをする方法にも種類があるということを、頭の片隅においておきましょう。

3 取得した情報を、Beautiful Soupを使って解析してみよう

12

　ここまでPythonプログラムを用いてWebサイトから情報を取得してみる、ということをやってきました。しかしながら何度か説明しているとおり、Webサイトから情報を取得しただけでは次の問題があります。

- HTML形式で記載されているため、人間がそのまま読むのは大変
- 取得したいもの以外にも多くの情報が含まれている

　次のステップとして**HTMLの解析**という処理が必要になってきます。言葉だけ見ると難しく感じるかもしれませんが、心配はいりません。PythonにはBeautiful Soupという強力で、かつお手軽にHTML解析を行えるパッケージがあります。BeautifulSoupはサードパーティ製のパッケージなので、requestsと同様にpipコマンドでインストールをします。本書執筆時点での最新版は、Beautiful Soup4という名前でPyPIに登録されている点に注意してください。

ターミナル
```
pip install BeautifulSoup4
```

　インストールが完了したら、インタラクティブシェルを起動してimportできるか確認します。［from bs4］をつける必要があることに注意してください。

インタラクティブシェル
```
from bs4 import BeautifulSoup
```

　requestsと同様に、特に何もメッセージが表示されなければインストールに成功しています。

BeautifulSoup の動きを探ろう

BeautifulSoup は HTML を解析するパッケージです。どういう動きをするのか確かめていきましょう。

● BeautifulSoup の基本的な使い方

requests と同様にインタラクティブシェルを利用します。もしもインタラクティブシェルを閉じてしまっていた場合は、もう一度、先ほどの requests を使った Web サイトからの情報取得までやってみてください。

インタラクティブシェル

```
from bs4 import BeautifulSoup
import requests
url = "https://www.pycon.jp/support/bootcamp.html"
result = requests.get(url)
result.encoding = result.apparent_encoding
```

実行結果

```
>>> from bs4 import BeautifulSoup
>>> import requests
>>> url = "https://www.pycon.jp/support/bootcamp.html"
>>> result = requests.get(url)
>>> result.encoding = result.apparent_encoding
>>>
```

これで Web サイトから情報を取得するところまでできました。それでは実際に BeautifulSoup を使ってみます。次のように入力してください。

インタラクティブシェル

```
soup = BeautifulSoup(result.text, "html.parser")
```

実行結果

```
>>> soup = BeautifulSoup(result.text, "html.parser")
>>>
```

BeautifulSoupの処理を見てみましょう。2つの引数を取っています。1つ目には、解析する対象のHTMLを文字列で指定します。2つ目には、解析する際の処理の種類を指定します。

1つ目の引数はrequestsで取得したHTML情報を直接渡せばよいのでイメージがつくでしょう。2つ目の「解析する際の処理の種類」は、あまりピンとこないと思います。例えばPythonが「<title>こんにちは</title>」というHTMLの内容を読み込んだ際に、ただの文字列ではなく「<title>というタグがあって、タグの中のテキストは"こんにちは"である」といったHTMLの基本的な構造を解釈する処理のことを指します。いくつかの種類が存在し、html.parserのように標準ライブラリとして提供されているものもあれば、サードパーティ製のものもあります。それぞれ処理の速さや、環境の整えやすさ、得意とする処理などが違います。

BeautifulSoupは、それらの中から状況に応じて利用したいものを選択できるのです。メジャーなものをあげると次のとおりです。

HTML の基本的な構造を解析する処理の種類

処理名	区分け	特徴
html.parser	標準	標準ライブラリとして提供されていて、追加で何かを導入する必要がない。処理速度も特段速いものではないが、遅いものでもない
lxml	サードパーティ	サードパーティ製のパッケージで処理速度の速さが特徴としてあげられる。C言語製の外部パッケージに依存するため、インストールの際には注意が必要
html5lib	サードパーティ	サードパーティ製のパッケージでHTML5の文法をサポートしWebブラウザと同様の方法で解釈を行うなど高性能。その分処理スピードが他のパッケージに劣る

今回は特別高速な処理が求められるわけでも、高度な機能が必要なわけでもありません。特別なことをせずに利用可能な、Python標準で提供されているhtml.parserを利用しています。

続いて、左辺のsoup変数はどんな値を受け取っているかを見ていきましょう。BeautifulSoupという処理ではrequests.getのときと同様にオブジェクトが返さ

れます。この返されるオブジェクトをsoupという変数で受け取っています。BeautifulSoupが返すオブジェクトは、HTMLを解析するのに役立つ形のプロパティやメソッドを格納しています。

　HTMLの中から要素を探す際には次のメソッドを利用すると便利です。

HTML の中から要素を探す際に利用するメソッド

メソッド	機能
find()	引数で指定したタグを検索して、最初に一致したものを返す
find_all()	引数で指定したタグを検索して、一致したものすべてを格納したリストを返す
select_one()	引数をCSS SelectorというHTMLの構造を取る方法として検索を行い、最初に一致したものを返す
select()	引数をCSS Selectorとして検索を行い、一致したものすべてを格納したリストを返す

第12章　Webスクレイピング

　それではオブジェクトに格納されているメソッドを試してみましょう。次のように入力してみてください。

インタラクティブシェル

```
soup.find_all("img")
```

実行結果

```
>>> soup.find_all("img")
[<img alt="Python Boot Camp ロゴ" src="../_images/python-boot-
camp-logo.png" style="width: 198px;"/>, <img alt="Creative
Commons License" src="https://i.creativecommons.org/l/by/4.0/
88x31.png" style="border-width:0"/>]
```

　BeautifulSoupの処理によって返されたオブジェクトは、find_allというメソッドを含みます。このfind_allメソッドに「img」という文字を指定しています。find_allという処理は、HTMLの中から引数の文字に一致するHTMLタグを探します。見つかったものはすべてがリストに格納された状態で返ります。実際に実行結果を見ると、［<img ... />］という形式のHTMLタグが格納されたリ

3　取得した情報を、BeautifulSoupを使って解析してみよう　　213

ストを返しているのがわかります。

　ここでは試しに <img> タグを抜き出してみました。これは Web サイトから画像のリンクを抜き出す際に威力を発揮します。同じような要領で Python Boot Camp 開催済みの開催地を抜き出すことを考えてみましょう。

抜き出す部分の目星をつける

　HTMLで見ると、Python Boot Camp 開催済みの開催地はどのあたりに記載されているでしょうか。requestsで取得するHTMLをひたすら目で追っても見つけにくいです。Webサイトの情報量によっては人の目で見つけるのが現実的ではないケースも多数あります。

　そこで、Webブラウザに付属している**開発者ツール**と呼ばれる機能を使います。普段何気なく利用しているWebブラウザですが、Webサイト開発には欠かせないHTMLの解析やネットワーク状況の確認などより詳しい情報を調べるための機能が備わっています。主要な各ブラウザで若干名称が違いますが、まとめると次のとおりです。本書では開発者ツールで統一します。

主なブラウザと解析ツール

ブラウザ	メニューの名称	使い方（右クリック）
Microsoft Edge	開発者ツール	開発者ツールで調査する
Safari	Web インスペクタ	要素の詳細を表示
Google Chrome	デベロッパーツール	検証
Firefox	ウェブ開発ツール	調査

　この中でも右クリックをした際に利用できる各機能はスクレイピングをするうえでも役に立ちます。この機能は、右クリックした場所がHTMLにおいてはどの部分に該当するかを探し当てるものです。

　試しにWebブラウザで次のページにアクセスをしてみてください。

3 取得した情報を、BeautifulSoupを使って解析してみよう

https://www.pycon.jp/support/bootcamp.html

Python Boot Campの概要情報が表示されます。このページの「開催実績」の部分から、今回欲しい情報が取得できそうです。開催実績の表の上部にある「Python Boot Camp in 京都」を右クリックして、開発者ツールで見てみましょう。

Python Boot Camp の開催実績

Webページの解析内容を表示する画面が起動します。これが開発者ツールの画面です。

開発者ツールで該当 HTML を探っている

---

3 取得した情報を、BeautifulSoupを使って解析してみよう

215

開発者ツールの画面を見ると、次のようなHTMLが確認できます。どうや
ら class が「colwidths-given docutils align-default」となっている部分を抜き出
すことができれば目的は達成できそうです。

```
<table class="colwidths-given docutils align-default">

 ...（中略）...

<tr class="row-odd"><th class="stub"><p>1</p></th>
    <td><p><a class="reference external" href="https://
pyconjp.connpass.com/event/33014/">Python Boot Camp in 京都</a>
</p></td>
    <td><p>6月18日(土)</p></td>
    <td><p><a class="reference external" href="https://camph.
net/">CAMPHOR- HOUSE</a></p></td>
    <td><p>谷口 英</p></td>
    <td><p>5名</p></td>
    <td><p>2</p></td>
    <td><p>1</p></td>
    <td><p><a class="reference external" href="https://
pyconjp.blogspot.jp/2016/06/python-boot-camp-in-kyoto.html">
開催レポート</a></p></td>
</tr>

 ...（略）...

</table>
```

スクレイピングを行う際にはHTMLの中から自分の欲しい情報に絞り込ん
でいく作業が必要です。「この条件で絞り込めば欲しい情報に絞れそうだ」と
いうことに気づくには、ある程度HTMLの注目するポイントを押さえておく
と役に立ちます。最低限の知識として次の内容を覚えておきましょう。

覚えておきたい HTML の属性

class	HTMLのタグの分類や意味付けを行う際につけることのできる名前のこと。スペース区切りで複数指定できる。主にCSSのデザインを明確に指定するために使われることが多い。ページ内で何回でも使えるため似たような情報が複数該当する場合も当然あり、スクレイピングの際は別のタグや複数のクラス名を指定するなどの工夫が必要
id	ページ内で一意な固有の識別子。原則、1つのHTMLに1回しか登場しないので、確実に絞り込めることが多い。ただしHTMLに誤りがあり、同じidが複数存在する場合もあるので注意が必要

　抜き出したい情報のおおよその位置に目星がついたら、インタラクティブシェルに戻りましょう。find_allメソッドはclass_という引数にクラス名を指定することで、検索結果を絞り込むことができます。<table>タグでクラス名が「docutils」のものを確認してみましょう。

インタラクティブシェル

```
soup.find_all("table", class_="docutils")
```

実行結果

```
>>> soup.find_all("table", class_="docutils")
[<table class="colwidths-given docutils align-default">
<colgroup>
<col style="width: 20%"/>
<col style="width: 70%"/>
<col style="width: 10%"/>
</colgroup>
<thead>
<tr class="row-odd"><th class="head"><p>地方</p></th>
<th class="head"><p>開催済の都道府県は太字。カッコ内の数字は複数開催</p></th>
<th class="head"><p>割合</p></th>
</tr>
</thead>
<tbody>
<tr class="row-even"><td><p>北海道</p></td>
<td><p><strong>北海道</strong></p></td>

... （中略） ...

</tr>
```

```
<tr class="row-even"><td><p>全国</p></td>
<td></td>
<td><p>34/47</p></td>
</tr>
</tbody>
</table>, <table class="colwidths-given docutils align-default">
<colgroup>
<col style="width: 3%"/>
<col style="width: 23%"/>
<col style="width: 11%"/>
<col style="width: 21%"/>
<col style="width: 11%"/>
<col style="width: 9%"/>
<col style="width: 5%"/>
<col style="width: 5%"/>
<col style="width: 11%"/>
</colgroup>
<thead>

... (中略) ...

</tr>
<tr class="row-even"><th class="stub"><p>43</p></th>
<td><p><a class="reference external" href="https://pyconjp.
connpass.com/event/191650/">Python Boot Camp in 鎌倉</a>
(新型コロナウイルスの影響により中止)</p></td>
<td><p>1月16日(土)</p></td>
<td><p><a class="reference external" href="https://www.pref.
kanagawa.jp/osirase/0604/hatsu/">HATSU鎌倉</a></p></td>
<td><p>新井 正貴</p></td>
<td><p>15名(予定)</p></td>
<td><p>3</p></td>
<td><p>2</p></td>
<td></td>
</tr>
</tbody>
</table>]
```

　多くの文字がずらずら出てきました。しかしながら、先に説明したとおり、find_allは該当した情報をリストの形式で返すメソッドです。インタラクティブシェルに表示された内容をよく見ると [の括弧で始まり、, (カンマ)によって文字列が区切られ、最後は] で閉じられています。一見すると呪文のようにしか見えない文字の塊は、条件に該当したHTMLがそれぞれ格納されているリストなのです。

このリストを一度tablesという変数に代入し、len関数を用いて要素の数も見てみましょう。

```
tables = soup.find_all("table", class_="docutils")
len(tables)
```

```
>>> tables = soup.find_all("table", class_="docutils")
>>> len(tables)
2
```

<table>タグでクラス名が［docutils］という条件に該当する情報は2カ所ありました。どんな情報なのか、ざっと見ていきましょう。リストなので、インデックス0の値とインデックス1の値を確認します。

まず、インデックス0の情報を確認します。

```
tables[0]
```

```
>>> tables[0]
<table class="colwidths-given docutils align-default">
<colgroup>
<col style="width: 20%"/>
<col style="width: 70%"/>
<col style="width: 10%"/>
</colgroup>
<thead>
<tr class="row-odd"><th class="head"><p>地方</p></th>
<th class="head"><p>開催済の都道府県は太字。カッコ内の数字は複数開催</p></th>
<th class="head"><p>割合</p></th>
</tr>
</thead>
<tbody>
<tr class="row-even"><td><p>北海道</p></td>
<td><p><strong>北海道</strong></p></td>
<td><p>1/1</p></td>
</tr>
```

```
<tr class="row-odd"><td><p>東北</p></td>
<td><p>青森、<strong>岩手</strong>、秋田、<strong>宮城</strong>、
<strong>山形</strong>（2）、<strong>福島</strong></p></td>
<td><p>4/6</p></td>
</tr>

... （略）...
```

　インデックス0の情報を見ると都道府県を示す文字が確認できますが、ブラウザの開発者ツールで見つけたものとは内容が違うことに気づくでしょう。結論からいうと、これらの情報は「開催済・未開催の都道府県の一覧」に該当する部分のHTMLです。そのため、ここから欲しい情報が取れないことはありません。ですが、本書ではより詳細な「開催実績」に該当するHTMLから情報を抜き出すことを考えるため、このインデックス0の値は利用しません。

　次に、インデックス1の情報を確認します。

 インタラクティブシェル

```
tables[1]
```

実行結果

```
>>> tables[1]
<table class="colwidths-given docutils align-default">

... （中略）...

<td></td>
</tr>
<tr class="row-odd"><th class="stub"><p>1</p></th>
<td><p><a class="reference external" href="https://pyconjp.
connpass.com/event/33014/">Python Boot Camp in 京都</a></p></td>
<td><p>6月18日（土）</p></td>
<td><p><a class="reference external" href="https://camph.
net/">CAMPHOR- HOUSE</a></p></td>

... （中略）...

</tbody>
</table>
```

こちらが最初にブラウザの開発者ツールで見つけた部分のHTMLであるこ
とがおわかりいただけるでしょう。このHTMLはブラウザで表示した「開催
実績」の内容なので、このままでも本章の目標である「Python Boot Campの
Webサイトから開催済みの都道府県一覧を取得できた」といえなくもありませ
ん。しかし、ひとつひとつの情報に含まれるノイズが多くて見づらいですね。
単純に開催済み都道府県の一覧情報を見るには、もう少し情報を絞り込む必要
があります。引き続き呪文のような文字が大量に出ていますが、落ち着いてや
るべきことを整理してみましょう。大まかには次の2つのことをやれば、少な
くとも今よりもずっと読みやすい形にできそうです。

❶ HTMLに含まれる要素からどの部分を抜き出すのかを決める
❷ 要素から抜き出した部分に目星をつけたら、各要素に対して繰り返し同じ処理を
行う

🌑 HTMLに含まれる要素からどの部分を抜き出すのかを決める

大量の情報が含まれるHTMLをいきなり全部見ようとすると大変です。そ
こで先ほどBeuatifulSoupで絞り込んだHTMLを一度変数に代入し、さらに絞
り込んでいきます。次の内容を実行してみましょう。

インタラクティブシェル

```
table = tables[1]
```

実行結果

```
>>> table = tables[1]
>>>
```

ここで一度、tableという変数に先ほど確認した「開催実績」の情報である
HTMLを代入します。これで、試行錯誤する際に毎回.find_allを呼び出す手間
が省けます。早速tableの内容を確認して、「どうすれば情報をさらに絞り込ん
でいけそうか」を観察してみましょう。見やすくするために、実行結果の行頭
にスペースを挿入したものを掲載します（実際にはすべて左詰めの形で出力さ
れます）。

インタラクティブシェル

```
table
```

実行結果 ※実行結果の行頭にスペースを挿入している

```
>>> table
<table class="colwidths-given docutils align-default">
  <colgroup>
    <col style="width: 3%"/>

... (中略) ...

    <th class="head"><p>開催レポート</p></th>
    </tr>
  </thead>
  <tbody>
    <tr class="row-even"><th class="stub"></th>
    <td><p>2016年</p></td>
    <td></td>
    <td></td>
    <td></td>
    <td></td>
    <td></td>
    <td></td>
    <td></td>
    </tr>
    <tr class="row-odd"><th class="stub"><p>1</p></th>
    <td><p><a class="reference external" href="https://
pyconjp.connpass.com/event/33014/">Python Boot Camp in 京都</a>
</p></td>
    <td><p>6月18日(土)</p></td>
    <td><p><a class="reference external" href="https://
camph.net/">CAMPHOR- HOUSE</a></p></td>
    <td><p>谷口 英</p></td>
    <td><p>5名</p></td>
    <td><p>2</p></td>
    <td><p>1</p></td>
    <td><p><a class="reference external" href="https://
pyconjp.blogspot.jp/2016/06/python-boot-camp-in-kyoto.html">
開催レポート</a></p></td>

... (中略) ...
```

　実行結果のHTMLを眺めてみると、すべてが欲しい情報というわけではなさそうです。少なくとも最初のほうにある <colgroup> タグと <thead> タグの内

容は必要なさそうで、<tbody>タグに含まれる内容があれば十分な情報が取れそうです。tableからさらに<tbody>タグの内容のみに絞り込んでみましょう。

BeautifulSoupでは絞り込んだ結果のオブジェクトに.<タグ名>をつけて呼び出すことで、1階層下の要素に絞り込むことができます。次のとおりに実行してください。

インタラクティブシェル

```
table.tbody
```

実行結果

```
>>> table.tbody
<tbody>
<tr class="row-even"><th class="stub"></th>
<td><p>2016年</p></td>
<td></td>
<td></td>
<td></td>
<td></td>
<td></td>
<td></td>
</tr>
<tr class="row-odd"><th class="stub"><p>1</p></th>
<td><p><a class="reference external" href="https://pyconjp.
connpass.com/event/33014/">Python Boot Camp in 京都</a></p></td>

... （略）...
```

変数tableのHTMLから<tbody>タグの内容を抜き出すことができました。しかし、まだまだ余計な要素は多いです。

ここで、<table>タグの記載方法から情報を取得するアプローチを考えます。<table>タグというのはHTMLでテーブル（表）を表現するために利用するものです。そして表を表す関係で、［<table>〜</table>］の中にはどこからどこまでが表の横1行なのかを表現するHTMLタグも存在します。それが<tr>タグです。

今回絞り込んでいる<table>タグ内の<tbody>タグの内容からさらに<tr>タグの内容に絞り込めば、表の内容を1行ずつ見ていくことができそうです。そこで次の内容をインタラクティブシェルで実行してみましょう。

インタラクティブシェル

```
table.tbody.find_all("tr")
```

実行結果

```
>>> table.tbody.find_all("tr")
[<tr class="row-even"><th class="stub"></th>
<td><p>2016年</p></td>
<td></td>
<td></td>
<td></td>
<td></td>
<td></td>
<td></td>
<td></td>
</tr>, <tr class="row-odd"><th class="stub"><p>1</p></th>
<td><p><a class="reference external" href="https://pyconjp.
connpass.com/event/33014/">Python Boot Camp in 京都</a></p></td>
<td><p>6月18日（土）</p></td>
<td><p><a class="reference external" href="https://camph.
net/">CAMPHOR- HOUSE</a></p></td>
<td><p>谷口 英</p></td>
<td><p>5名</p></td>
<td><p>2</p></td>
<td><p>1</p></td>
<td><p><a class="reference external" href="https://pyconjp.
blogspot.jp/2016/06/python-boot-camp-in-kyoto.html">開催レポート
</a></p></td>
</tr>,

    ...（中略）...

</tr>, <tr class="row-even"><th class="stub"><p>43</p></th>
<td><p><a class="reference external" href="https://pyconjp.
connpass.com/event/191650/">Python Boot Camp in 鎌倉</a>（新型
コロナウイルスの影響により中止）</p></td>
<td><p>1月16日（土）</p></td>
<td><p><a class="reference external" href="https://www.pref.
kanagawa.jp/osirase/0604/hatsu/">HATSU鎌倉</a></p></td>
<td><p>新井 正貴</p></td>
<td><p>15名（予定）</p></td>
<td><p>3</p></td>
<td><p>2</p></td>
<td></td>
</tr>]
```

引き続き大量の文字が出てきますが、find_allの結果なので、[]で囲まれた、,（カンマ）区切りのリストであることに変わりはありません。今回はtable.tbodyにおける<tr>タグをすべて見つけ、そのひとつひとつを要素とするリストになっています。

どんな情報が入っているのか、インデックス0とインデックス1の情報を覗いてみましょう。

```
table.tbody.find_all("tr")[0]
```

実行結果

```
>>> table.tbody.find_all("tr")[0]
<tr class="row-even"><th class="stub"></th>
<td><p>2016年</p></td>
<td></td>
<td></td>
<td></td>
<td></td>
<td></td>
<td></td>
</tr>
```

全体を見渡せるくらいには絞り込むことができました。しかしインデックス0は1つ目の<td>タグに記載されている「2016年」くらいしか情報という情報はありません。続いてインデックス1も見てみましょう。

```
table.tbody.find_all("tr")[1]
```

実行結果

```
>>> table.tbody.find_all("tr")[1]
<tr class="row-odd"><th class="stub"><p>1</p></th>
<td><p><a class="reference external" href="https://pyconjp.
connpass.com/event/33014/">Python Boot Camp in 京都</a></p>
</td>
<td><p>6月18日(土)</p></td>
<td><p><a class="reference external" href="https://camph.
net/">CAMPHOR- HOUSE</a></p></td>
```

```
<td><p>谷口 英</p></td>
<td><p>5名</p></td>
<td><p>2</p></td>
<td><p>1</p></td>
<td><p><a class="reference external" href="https://pyconjp.
blogspot.jp/2016/06/python-boot-camp-in-kyoto.html">開催レポート
</a></p></td>
</tr>
```

　インデックス0と比較すると、いろいろな情報が含まれています。イベント
名に開催日、会場、講師名など1つのイベント情報がまとまっています。

　さて、インデックス0とインデックス1では情報量に差があります。この情
報量の差は、改めてPython Boot Campのホームページの「開催実績」を見る
とわかります。この表はイベント名のところどころに開催年の情報のみの行が
出現する形で記載されています。

開催実績

Python Boot Camp の開催実績です。

No.	イベント	開催日	会場	講師	参加者	TA	Staff	開催レポート
	2016年							
1	Python Boot Camp in 京都	6月18日(土)	CAMPHOR- HOUSE	谷口 英	5名	2	1	開催レポート
2	Python Boot Camp in 愛媛	7月30日(土)	サイボウズ松山オフィス	寺田 学	12名	2	1	開催レポート
3	Python Boot Camp in 熊本	8月28日(土)	未来会議室	寺田 学	8名	2	1	開催レポート
4	Python Boot Camp in 札幌	11月19日(土)	株式会社インフィニットループ	村岡 友介	17名	2	1	開催レポート
	2017年							
5	Python Boot Camp in 栃木小山	2月11日(土)	小山市立生涯学習センター	寺田 学	10名	2	1	開催レポート
6	Python Boot Camp in 広島	3月11日(土)	中四国マネジメントシステム推進機構	鈴木 たかのり	15名	3	1	開催レポート
7	Python Boot Camp in 大阪	4月8日(土)	株式会社ソウ	寺田 学	15名	3	4	開催レポート
8	Python Boot Camp in 神戸	5月20日(土)	株式会社神戸デジタル・ラボ	清水川 貴之	21名	3	1	開催レポート
9	Python Boot Camp in 長野	6月10日(土)	GEEKLAB.NAGANO	寺田 学	27名	3	2	開催レポート

実際のホームページの開催実績の状態

　絞り込んだ情報のリストには2パターンの情報がありつつも、今回のスクレイ
ピングで欲しい情報が取れそうです。いったん、インデックス1の1つのイベン
トの情報がまとまっているパターンを前提に、開催地を抜き出す方法を探って
いきます。先ほどのインデックス1の情報を変数eventに代入し、見てみましょう。

インタラクティブシェル

```
event = table.tbody.find_all("tr")[1]
event
```

3 取得した情報を、BeautifulSoupを使って解析してみよう

```
>>> event = table.tbody.find_all("tr")[1]
>>> event
<tr class="row-odd"><th class="stub"><p>1</p></th>
<td><p><a class="reference external" href="https://pyconjp.
connpass.com/event/33014/">Python Boot Camp in 京都</a></p></td>
<td><p>6月18日(土)</p></td>
<td><p><a class="reference external" href="https://camph.
net/">CAMPHOR- HOUSE</a></p></td>
<td><p>谷口 英</p></td>
<td><p>5名</p></td>
<td><p>2</p></td>
<td><p>1</p></td>
<td><p><a class="reference external" href="https://pyconjp.
blogspot.jp/2016/06/python-boot-camp-in-kyoto.html">開催レポート
</a></p></td>
</tr>
```

　開催地の情報を抜き出すには、イベント名「Python Boot Camp in ...」に続く部分か会場名が該当しそうです。本書では前者のものを開催地として抜き出す方法を考えていきます。イベント名は `<tr>` タグの中の一番最初の `<td>` タグに記載されています。そのため BeautifulSoup の find_all ではなく、find を使って `<td>` タグに絞り込みます。次のとおりに実行してみてください。

インタラクティブシェル

```
event.find("td")
```

```
>>> event.find("td")
<td><p><a class="reference external" href="https://pyconjp.
connpass.com/event/33014/">Python Boot Camp in 京都</a></p></td>
```

　余計な情報がなくなってきました。人が読んでも違和感がないところまで絞り込むには、上記のものからタグ要素を取り除いた形での表示ができればよさそうです。BeautifulSoup によって絞り込まれた要素のオブジェクトは、get_text というメソッドを持っています。これは HTML のテキスト部分だけ（タグが取り払われた状態のテキスト）を文字列として返します。

実際に試してみましょう。

```
event.find("td").get_text()
```

実行結果

```
>>> event.find("td").get_text()
'Python Boot Camp in 京都'
```

これで開催済みのイベント名を抜き出すことができました。

最後に、このイベント名の文字から「Python Boot Camp in 」という文字列を削除します。ここではreplaceを使い、空の文字列に置き換えて削除してみます。

インタラクティブシェル

```
name = event.find("td").get_text()
name.replace("Python Boot Camp in ", "")
```

実行結果

```
>>> name = event.find("td").get_text()
>>> name.replace("Python Boot Camp in ", "")
'京都'
```

一度nameという変数にreplace前のイベント名を代入し、その後にreplaceを利用しています。これで、絞り込んだ1要素の中から開催済みの開催地だけをきれいに抜き出せることを確認できました。ここまでの試行錯誤から、開催地を抜き出すには次の処理を行う必要があります。

❶ <table>タグでclassがdocutilsに該当する部分をHTMLから抜き出す
❷ 1.に該当するものは2つあり、2番目に該当したものを利用する
❸ 2.の結果からさらに<tbody>タグに絞り込む
❹ 3.の結果から<tr>タグ一覧を取得する
❺ 4.の結果から一番最初の<td>タグのものに絞り込み、タグを取り除く

❼ 各要素に対して繰り返し同じ処理を行う

　ページの中にある開催実績の表の中の1行から、開催地情報を抜き出すことができました。次のステップとして、同じ処理を他の行にも適用していくことを考えます。先ほど抜き出した開催地の情報は、[table.tbody.find_all("tr")]の結果から得られるリストの中の1つの要素から得られたものでした。そのため、次はこの［table.tbody.find_all("tr")］の結果を event_list という変数に代入してみましょう。

インタラクティブシェル

```
event_list = table.tbody.find_all("tr")
event_list
```

実行結果

```
>>> event_list = table.tbody.find_all("tr")
>>> event_list
[<tr class="row-even"><th class="stub"></th>
<td><p>2016年</p></td>

... (略) ...

<td><p>2</p></td>
<td></td>
</tr>]
```

　ここで event_list の要素ひとつひとつに、先ほど調べてわかった「一番最初の<td>タグのものに絞り込み、タグを取り除く」を適用してみましょう。リストの要素に対して同様の処理を実行するということで、for文の出番です。次のように event_list の要素ひとつひとつに適用します。ここだけ見るとかなりシンプルですね。

インタラクティブシェル

```
for event in event_list:
    name = event.find("td").get_text()
    name.replace("Python Boot Camp in ", "")
```

第12章 Webスクレイピング

実行結果

```
>>> for event in event_list:
...     name = event.find("td").get_text()
...     name.replace("Python Boot Camp in ", "")
...
'2016年'
'京都'
'愛媛'
'熊本'
'札幌'
'2017年'
'栃木小山'
'広島'
'大阪'
'神戸'
'長野'
'香川'
'愛知'
'福岡'
'長野八ヶ岳'
'鹿児島'
'静岡'
'新潟南魚沼'
'埼玉'
'2018年'
'神奈川'
'金沢'
'福島'
'柏の葉'
'岩手'
'茨城'
'徳島'
'京都'
'山形'
'沖縄（台風により中止）'
'山梨'
'岡山'
'仙台'
'2019年'
'静岡県藤枝市'
'和歌山'
'福井'
'山形市'
'岐阜'
'沖縄'
'高知'
'群馬'
'福岡2nd'
```

　　　　　3　取得した情報を、BeautifulSoupを使って解析してみよう

```
'熊本'
'2020年'
'長崎'
'福島県郡山市 (新型コロナウイルスの影響により中止)'
'2021年'
'鎌倉 (新型コロナウイルスの影響により中止)'
```

　出力結果を見てみると、ほぼPython Boot Campの開催済み開催地の一覧に見えますが、ところどころ開催年や中止になってしまっているケースがあります。これらは今回欲しい「Python Boot Campの開催済み開催地」とは異なる情報なので、除外することを考えます。

C o l u m n

開催年がそのまま表示されている理由

ところで、今回event_list全体に適用した「一番最初の<td>タグのものに絞り込み、タグを取り除く」という処理ですが、この処理は「2016年」等の開催年のみの行のことは特に想定せずに考えた処理です。ですが実際にインタラクティブシェルで処理を試みたところ、プログラムとしてはエラーにはならず、そのまま「2016年」などの年を表す文字が表示されています。なぜこのような結果になるのでしょうか。
改めて年のみを表示している<tr>タグのHTMLを見てみましょう。

2016年の行を表す HTML タグ

```
<tr class="row-even"><th class="stub"></th>
<td><p>2016年</p></td>
<td></td>
<td></td>
<td></td>
<td></td>
<td></td>
<td></td>
<td></td>
```

<tr>タグの中の最初の<td>タグに年が記載されているのがわかります。そのため「一番最初の<td>タグのものに絞り込み、タグを取り除く」処理をすると、結果は年を表す文字だけが残ったということです。

第12章 Webスクレイピング

特定の条件の場合に違う挙動をしてほしいということで、if文の出番です。今回は、イベント名に「年」という単語か「中止」という言葉が含まれる場合は表示をしない、とできるとよさそうです。少し長くなりますが、次のとおりに実行します。

インタラクティブシェル

```
for event in event_list:
    name = event.find("td").get_text()
    if "年" in name or "中止" in name:
        continue
    name.replace("Python Boot Camp in ", "")
```

実行結果

```
>>> for event in event_list:
...     name = event.find("td").get_text()
...     if "年" in name or "中止" in name:
...         continue
...     name.replace("Python Boot Camp in ", "")
...
'京都'
'愛媛'
'熊本'
'札幌'
'栃木小山'
'広島'
'大阪'
'神戸'
'長野'
'香川'
'愛知'
'福岡'
'長野八ヶ岳'
'鹿児島'
'静岡'
'新潟南魚沼'
'埼玉'
'神奈川'
'金沢'
'福島'
'柏の葉'
'岩手'
'茨城'
'徳島'
'京都'
'山形'
```

3 取得した情報を、BeautifulSoupを使って解析してみよう

```
'山梨'
'岡山'
'仙台'
'静岡県藤枝市'
'和歌山'
'福井'
'山形市'
'岐阜'
'沖縄'
'高知'
'群馬'
'福岡2nd'
'熊本'
'長崎'
```

　今回はコードにも注目してみましょう。追加されたif文は「nameに『年』か『中止』が含まれている場合、ループをその場でスキップする」というものです。詳細な解説は後述しますが、このスキップ処理により開催年の情報と中止になってしまった情報を除外しています。

　実行結果を見てみると、場所の情報としては多少粒度にバラつきはありますが、Python Boot Campの開催済み開催地の情報一覧となっています。目的の情報を抜き出すことに成功しました。

　さて、ここまでの試行錯誤を通じて、取得したHTMLから目的の情報だけを絞り込んでいく処理の流れがイメージできたでしょうか。後はここまでの流れをプログラムファイルに落とし込んでいくだけです。

▌取得した情報から好きなものを抜き出そう

　それではここまで確認してきた内容を基に、［bootcamp_venues.py］を更新しましょう。

リスト 12-2 bootcamp_venues.py を更新

```python
import requests
from bs4 import BeautifulSoup    ← 追記

url = "https://www.pycon.jp/support/bootcamp.html"
result = requests.get(url)
result.encoding = result.apparent_encoding

soup = BeautifulSoup(result.text, "html.parser")    ← 追記
tables = soup.find_all("table", class_="docutils")    ← 追記
table = tables[1]    ← 追記
event_list = table.tbody.find_all("tr")    ← 追記

for event in event_list:    ← 追記
    name = event.find("td").get_text()    ← 追記
    if "年" in name or "中止" in name:    ← 追記
        continue    ← 追記
    print(name.replace("Python Boot Camp in ", ""))    ← 追記
```

　追記した内容を確認していきます。基本的にはインタラクティブシェルで試したことと同じにですが、おさらいとしてひとつひとつ見ていきましょう。

```python
from bs4 import BeautifulSoup
```

　ここではサードパーティ製パッケージ BeautifulSoup をインポートしています。［from bs4］を忘れないように注意しましょう。

```python
soup = BeautifulSoup(result.text, "html.parser")
```

　BeautifulSoup の処理に解析したい文字列（=requests で Web サイトから取得した情報）と実際に解析するための処理の種類を指定し、返されるオブジェクトを soup 変数が受け取っています。

```python
tables = soup.find_all("table", class_="docutils")
table = tables[1]
```

3　取得した情報を、BeautifulSoup を使って解析してみよう

［soup.find_all("table", class_="docutils")］を見てみましょう。BeautifulSoupオ
ブジェクトに含まれる find_all メソッドを利用して、<table>タグでclassに
「docutils」という文字列が含まれるものを抜き出しています。結果はリストです。
このリストが変数tablesに代入されています。

　続いて、［table = tables[1]］を見てみましょう。先ほど代入されたのは、
find_all メソッドで抜き出したもののリストです。このリストのインデックス
1の要素を取り出している、ということになります。変数tableはHTMLの中
に含まれる「<table>タグでclassに「docutils」という文字列を含む部分」の2
つ目のものを受け取っています。

```
event_list = table.tbody.find_all("tr")
```

　tableの内容から<tbody>タグの内容に絞り、さらに［find_all("tr")］を実行
して<tr>タグの一覧リストをevet_listが受け取っています。

```
for event in event_list:
    name = event.find("td").get_text()
    if "年" in name or "中止" in name:
        continue
    print(name.replace("Python Boot Camp in ", ""))
```

　for文を使い、event_listのそれぞれの要素に対して処理を行っています。各
event_listの要素は変数eventで受け取っています。
　for文の1行目を見てみましょう。各イベントに対しては［find("td")］で1
番目に見つかる<td>タグの内容を抜き出し、さらに［get_text()］でHTMLタ
グを取り除いた形にしています。この値をnameという変数で受け取っています。
　ifの条件は「nameに『年』という文字が含まれる」と「nameに『中止』と
いう文字が含まれる」で、この2つがorでつながっています。この2つのどち
らかが満たされると条件としてTrue（真）になるものです。ある文字列に特定
の文字列が含まれているかの判断はinで行います。少し複雑ですが、「nameに
『年』か『中止』が含まれていた場合」を表すものです。
　それでは、nameに「年」か「中止」が含まれている場合、何をするのでしょ
うか。if文の中にcontinueという見慣れない処理があります。**continue**はfor

文の中のスキップ処理を行うもので、**for文の中で実行されると、それ以降の**
処理は実行されずに次のループに移ります。そのため、このif文内では
continueが実行されて、[print(name.replace("Python Boot Camp in ", ""))]の
行には行かずに次のループが開始されます。

　反対に、if文の条件に該当しない「nameに『年』も『中止』も含まれてい
ない」場合は、continueは実行されません。そのまま最後の[print(name.
replace("Python Boot Camp in ", ""))]の行まで処理が実行されます。

　最後のprint関数ではターミナルに処理の結果を表示しています。プログラ
ムコードに落とし込む場合は、print関数を使わないとターミナルには何も表
示されないためです。表示している内容は[name.replace("Python Boot Camp
in ", "")]の結果です。nameに含まれる「Python Boot Camp in 」という文字
列を空の文字列「""」に置き換え、削除しています。

　プログラムコードの説明は以上です。さあ、それではPythonプログラムを
実行してみましょう。ターミナルで次のように入力をして[Enter]キーを押
してください。ターミナル画面がまだインタラクティブシェルの場合、quit()
で終了してから入力してください。

ターミナル

```
python bootcamp_venues.py
```

実行結果

```
PS C:\Users\surapy\Documents\surasura-python\chapter12> ⏎
python bootcamp_venues.py
京都
愛媛
熊本
札幌
栃木小山
広島
大阪
神戸
長野
香川
愛知
福岡
長野八ヶ岳
鹿児島
静岡
```

新潟南魚沼
埼玉
神奈川
金沢
福島
柏の葉
岩手
茨城
徳島
京都
山形
山梨
岡山
仙台
静岡県藤枝市
和歌山
福井
山形市
岐阜
沖縄
高知
群馬
福岡2nd
熊本
長崎

　Python Boot Campの開催済み開催地一覧を抜き出すことができました。これがPythonを用いたWebスクレイピングの基本的なプログラムです。次の節ではこの抜き出した開催地一覧をさらに見やすいものにする処理について進めていきます。

4 解析した情報を 詳しく見やすく表示しよう

　前節までで、Webサイトから実際に自分の欲しい情報に絞って取得するプログラムを作ることができました。ただ、ここまでは、情報をそのまま取り出しただけです。スクレイピングはデータを取得して、表示するだけでも便利です。しかし、実際にプログラムとして動作させるからには、得た情報の文字を整理してより見やすい形状にするとより便利です。

　さらには次のように保存する形式を工夫することにより、単にWebサイトを閲覧する以上に情報の解析が行いやすい、便利な結果を得ることができます。

- 形式を変換してファイルに保存することにより表計算ソフトで取り込めるようにする
- データベースへ保存をして別のアプリケーションからも扱えるようにする

　ここでは、先ほど取得したPython Boot Campの開催済み開催地一覧の情報をより詳しく見やすくすることを考えていきます。

具体的にどう詳しくするかを考えよう

　情報をより詳しくするにも、具体的にどう詳しくするのかを決めなければプログラムを考えようもありません。そこで試行錯誤中に見た、1つのイベントあたりのHTMLを改めて見てみましょう。

```
<tr class="row-odd"><th class="stub"><p>1</p></th>
<td><p><a class="reference external" href="https://pyconjp.
connpass.com/event/33014/">Python Boot Camp in 京都</a></p></td>
<td><p>6月18日(土)</p></td>
<td><p><a class="reference external" href="https://camph.
net/">CAMPHOR- HOUSE</a></p></td>
<td><p>谷口 英</p></td>
<td><p>5名</p></td>
<td><p>2</p></td>
<td><p>1</p></td>
```

```
<td><p><a class="reference external" href="https://pyconjp.
blogspot.jp/2016/06/python-boot-camp-in-kyoto.html">開催レポート
</a></p></td>
</tr>
```

開催済みの開催地一覧を取得する際は、この中から1つ目の<td>タグから取得しました。しかしながら開催地以外にも多くの情報が含まれています。そこで、今度は開催日も加えてみることを考えます。

処理結果をどう見せるかイメージしよう

開催日も含めて、開催済み開催地一覧の情報をより詳しくすることを決めました。そうすると開催日と開催地の複数の情報が1つのセットになるため、プログラムを実行した結果、どのように表示させるかは考える必要があります。いろいろなやり方が考えられますが、本書では次のような、，(カンマ)でフィールドを区切る形式で表示される状態を目指すことにします。

目指す表示形式

```
開催日，開催地
6月18日(土)，京都
```

追加情報をどうやって抜き出すか考えてみよう

具体的にどのようにしてプログラムを書いていくかの方針が決まりましたので、再びインタラクティブシェルで1つずつ確認していきましょう。先ほどの試行錯誤の際に利用していた変数eventを再び利用します。もしもインタラクティブシェルを閉じてしまった場合は次のとおりに実行し、再度eventに値を代入してください。

インタラクティブシェル（再び event に値を代入）

```
import requests
from bs4 import BeautifulSoup
url = "https://www.pycon.jp/support/bootcamp.html"
result = requests.get(url)
result.encoding = result.apparent_encoding
soup = BeautifulSoup(result.text, "html.parser")
table = soup.find_all("table", class_="docutils")[1]
event = table.tbody.find_all("tr")[1]
```

　また、インタラクティブシェルを起動したままの場合は次のように実行し、変数eventの内容をevent_listのインデックス1の値にしておきましょう。

インタラクティブシェル（インタラクティブシェルを閉じていない場合）

```
event = event_list[1]
```

　改めて変数eventの内容を確認します。

インタラクティブシェル

```
event
```

実行結果

```
>>> event
<tr class="row-odd"><th class="stub"><p>1</p></th>
<td><p><a class="reference external" href="https://pyconjp.
connpass.com/event/33014/">Python Boot Camp in 京都</a></p></td>
<td><p>6月18日（土）</p></td>
<td><p><a class="reference external" href="https://camph.
net/">CAMPHOR- HOUSE</a></p></td>
<td><p>谷口 英</p></td>
<td><p>5名</p></td>
<td><p>2</p></td>
<td><p>1</p></td>
<td><p><a class="reference external" href="https://pyconjp.
blogspot.jp/2016/06/python-boot-camp-in-kyoto.html">開催レポート
</a></p></td>
</tr>
```

　実行結果のHTMLを見ると、2番目の <td> タグの内容を取得できれば、や

りたいことが達成できそうだとわかります。<td>タグの情報はイベント名の取得でも利用するため、今度は<td>タグすべての情報を一度抜き出してみましょう。次のように実行してみてください。

インタラクティブシェル

```
event.find_all("td")
```

実行結果

```
>>> event.find_all("td")
[<td><p><a class="reference external" href="https://pyconjp.
connpass.com/event/33014/">Python Boot Camp in 京都</a></p>
</td>, <td><p>6月18日(土)</p></td>, <td><p><a class="reference
external" href="https://camph.net/">CAMPHOR- HOUSE</a></p>
</td>, <td><p>谷口 英</p></td>, <td><p>5名</p></td>, <td><p>2</
p></td>, <td><p>1</p></td>, <td><p><a class="reference
external" href="https://pyconjp.blogspot.jp/2016/06/python-
boot-camp-in-kyoto.html">開催レポート</a></p></td>]
```

今度は<td>タグの情報がリストとしてすべて抜き出すことができました。このリストのインデックス0にはイベント名が、インデックス1には開催日が格納されています。中身を確認してみましょう。

インタラクティブシェル

```
event.find_all("td")[0]
event.find_all("td")[1]
```

実行結果

```
>>> event.find_all("td")[0]
<td><p><a class="reference external" href="https://pyconjp.
connpass.com/event/33014/">Python Boot Camp in 京都</a></p></td>
>>> event.find_all("td")[1]
<td><p>6月18日(土)</p></td>
```

確かにイベント名、開催日それぞれが含まれるHTMLを抜き出すことができています。これらから.get_text()でHTMLタグを取り除いた形にし、変数nameとdayにそれぞれ渡してみます。

インタラクティブシェル

```
name = event.find_all("td")[0].get_text()
day = event.find_all("td")[1].get_text()
name
day
```

実行結果

```
>>> name = event.find_all("td")[0].get_text()
>>> day = event.find_all("td")[1].get_text()
>>> name
'Python Boot Camp in 京都'
>>> day
'6月18日(土)'
```

　イベント名、開催日ともに抜き出すことができました。それではこれらの情報を、、(カンマ)区切りで表示してみましょう。f-stringを利用すると簡単に表示できます。

インタラクティブシェル

```
print(f"{day}, {name}")
```

実行結果

```
>>> print(f"{day}, {name}")
6月18日(土), Python Boot Camp in 京都
```

　最終的には2番目のフィールドはイベント名ではなく開催地を表示することになりますが、プログラムを作っていくおおよそのイメージができました。ここまでの内容をリスト12-2のプログラムに反映できると、やりたいことは達成できそうです。

試行錯誤した内容をプログラムに反映してみよう

　ここまで確認できたら、[bootcamp_venues.py]に反映してみましょう。開催日の情報を追加で取得し、開催地と,(カンマ)区切りで出力するようにします。[bootcamp_venues.py]をリスト12-3になるように変更を加えてみてく

ださい。

リスト12-3 bootcamp_venues.py を更新

```python
import requests
from bs4 import BeautifulSoup

url = "https://www.pycon.jp/support/bootcamp.html"
result = requests.get(url)
result.encoding = result.apparent_encoding

soup = BeautifulSoup(result.text, "html.parser")
tables = soup.find_all("table", class_="docutils")
table = tables[1]
event_list = table.tbody.find_all("tr")

print("開催日, 開催地")     ← 追記
for event in event_list:
    td_list = event.find_all("td")     ← 追記

    name = td_list[0].get_text()     ← 変更
    day = td_list[1].get_text()     ← 追記

    if "年" in name or "中止" in name:
        continue

    venue = name.replace("Python Boot Camp in ", "")     ← 追記
    print(f"{day}, {venue}")     ← 変更
```

for 文の前に print 関数の処理が追加されてはいますが、基本的には for 文の中に処理が追加された形になっています。それでは、追記・変更があった部分を解説していきます。

```python
print("開催日, 開催地")
```

これは表の初めの部分で、各フィールドに何が入るのかを示すために表示するものです。一度表示できればよいので、for の直前に追記をしています。

```python
    td_list = event.find_all("td")

    name = td_list[0].get_text()
    day = td_list[1].get_text()
```

第12章 Webスクレイピング

先ほどはeventの内容からfindしてget_textした結果を、そのままnameに渡していました。ところが今回は、td_listという変数に一度［find_all("td")］した結果を渡すように変更しています。これは、複数の<td>タグの情報から情報を取得する必要が出てきたため、一度リストで受け取り、その後の処理を書きやすくするためです。実際、イベント名と開催日はこのtd_listの要素を基に取得しています。event_listの要素はそのままではHTMLタグも含まれる状態なので、get_text()を呼び出し、HTMLタグを取り除いてそれぞれの変数に渡しています。

```
venue = name.replace("Python Boot Camp in ", "")
```

先ほどは開催地のみの表示だったため、［name.replace］を直接print関数に渡してしまいました。今回は複数の情報を扱うため、一度venueという変数に代入するように変更しています。

```
print(f"{day}, {venue}")
```

f-stringを利用して、開催日と開催地が,（カンマ）区切りになるように形成し表示します。

さあ、それではPythonプログラムを実行してみましょう。ターミナルで次のように入力をして［Enter］キーを押してください。ターミナル画面がまだインタラクティブシェルの場合、quit()で終了してから入力してください。

ターミナル

```
python bootcamp_venues.py
```

実行結果

```
PS C:\Users\surapy\Documents\surasura-python\chapter12> 
python bootcamp_venues.py
開催日, 開催地
6月18日(土), 京都
7月30日(土), 愛媛
8月28日(日), 熊本
11月19日(土), 札幌
2月11日(土), 栃木小山
```

　　　　　4　解析した情報を詳しく見やすく表示しよう

```
3月11日(土), 広島
4月8日(土), 大阪
5月20日(土), 神戸
6月10日(土), 長野
6月24日(土), 香川
7月29日(土), 愛知
9月30日(土), 福岡
10月28日(土), 長野八ヶ岳
11月4日(土), 鹿児島
11月18日(土), 静岡
12月9日(土), 新潟南魚沼
12月16日(土), 埼玉
1月27日(土), 神奈川
2月24日(土), 金沢
3月17日(土), 福島
4月21日(土), 柏の葉
6月23日(土), 岩手
7月21日(土), 茨城
8月25日(土), 徳島
8月25日(土), 京都
9月8日(土), 山形
11月17日(土), 山梨
11月23日(金・祝), 岡山
12月8日(土), 仙台
1月12日(土), 静岡県藤枝市
4月20日(土), 和歌山
4月27日(土), 福井
6月22日(土), 山形市
7月27日(土), 岐阜
8月31日(土), 沖縄
10月26日(土), 高知
11月2日(土), 群馬
11月16日(土), 福岡2nd
12月7日(土), 熊本
2月8日(土), 長崎
```

　上記のように表のような形式として表示されるはずです。これでWebスクレイピングを用いたプログラムの完成です。

5 この章の振り返り

　この章では「Webスクレイピング」と呼ばれる手法で実際のWebサイトから必要な情報を自分の都合のよい形で抜き出す、というプログラムを作成しました。一通りプログラミングしてみてどのように感じられましたか。

　これまでと違い新しい知識を確認していく一方で、「どういう処理を組み合わせればやりたいことができるのか」ということも考える必要があり、疲れてしまったかもしれません。少々ボリュームのある内容ではありましたが、最後に「こんな感じでやったなー」とイメージを膨らませながら、今一度この章で扱ったことを振り返ってみましょう。

Webスクレイピング

　本章を通じて作成したプログラムは「Webスクレイピング」を行うものです。「Webスクレイピング」とは、普段パソコンやスマートフォンのブラウザでアクセスするWebサイトから情報を収集する技術のことをいいます。実際に収集をするには、大まかに次の2つの工程があります。

- Webページへ実際にアクセスを行い、Webサーバから情報を収集する
- 収集した情報から自分が欲しい情報を見つけ出し、絞り込む

　本章ではこれらの工程に加えて、より人にとって見やすい形式に変換して表示をする、というところまで行いました。

● requests：Webサイトへのアクセスを便利に行えるパッケージ

　requestsはWebサーバから情報を取得する際に必要となるHTTP通信を手軽に行うことができるサードパーティ製のパッケージです。Webスクレイピングを行う工程のうち、「Webページへ実際にアクセスを行い、Webサーバから情報を収集する」ということができる便利なパッケージとして登場しました。

◐ BeautifulSoup：HTMLの内容を便利に解析できるパッケージ

BeautifulSoupは、HTML形式の内容をPythonプログラムで扱いやすい形へ絞り込むときに使うと便利なパッケージです。Webスクレイピングを行う工程のうち、「収集した情報から自分が欲しい情報を見つけ出し、絞り込む」ということができる便利なパッケージとして登場しました。

◐ 便利なパッケージもまずは小さく動かして使い方をイメージする

requests、BeautifulSoupというこれまで扱ったことのないサードパーティ製のパッケージを扱いました。しかし、いきなりこれらのパッケージを使ってプログラムのコードを書き始めるということはしませんでした。まずはインタラクティブシェルで1行ずつ、「どうすればどんなことができるのか」ということを確かめて使い、イメージができたところで実際のプログラムに反映していくという方法で進めていきました。

ある程度使い慣れているパッケージであれば、いきなりプログラムに組み込むこともそれほど難しいことではありません。しかし、まったく使ったことのないものなら「こんなことするのに便利らしいのだけど、実際にどうすれば使えるのだろう」と考えるのは自然なことです。そのような状態ではいかに便利なものとはいえ、いきなりプログラムに組み込もうとしても、なかなか手が進まない状況になってしまいます。

そんなときは、自分が理解できる範囲から小さく動かしてみると理解の助けになります。今回はインタラクティブシェルだけで小さく動かしてみることができましたが、状況によっては試しに2、3行程度の短いプログラムを書いてみるという方法も有効です。

◐ プログラムで実現したいことを具体的に、細かく噛み砕いていく

この章のゴールは「Python Boot Camp開催済みの開催地を抜き出す」プログラムを書くというものでした。しかし、「ゴールがあるので早速プログラムを書きましょう」とはなりませんでしたね。プログラムを書き始める前に「Webスクレイピングってどういうことだろう」ということを確認した後に次のような段取りで、より細かく具体的な内容に噛み砕き、順番にプログラムを書いていきました。

❶ Web サーバから Python Boot Camp 開催地の情報を取ってくる

❷ 取ってきた情報から開催実績の部分だけを抜き出す

❸ 抜き出した情報を見やすい形式に変換する

　Python を使ってプログラムをするうえでは、当然、「Python でできることを組み合わせて指示をする」ということが必要になります。「自分がこれからやってみたいこと」を「これなら Python でできそうだな」というところまで噛み砕いておかなければ、実際に手を動かしてプログラミングをするということもできません。

　この章でも、もしも「Python Boot Camp 開催済みの開催地を抜き出す」という機能が Python に用意されていれば、特にお題を噛み砕く必要はありませんでした。もちろん Python にはそのような機能はありません。そのため、「これなら Python でできそうだな」というところまで噛み砕く作業が必要になりました。こういった、プログラムで実現したいことを具体的に細かく噛み砕くという作業は、実際にプログラムのコードを書くわけではありませんが、プログラムのコードを自分で書いていくには不可欠な作業といえます。

この章では実際にWebスクレイピングをする
プログラムを書いてみました

✔ requestsを使うと簡単にWebサイトの情報が取得できる

✔ 取得したWebサイトの情報は、BeautifulSoupを使うと解析
しやすくなる

✔ Webサイトから取得した情報から欲しい情報に絞り込むた
めには、HTMLの構造をみて少しずつ条件を追加して試行
錯誤をする

Q1

以下はWebサイトにアクセスするプログラムです。実行するために [❶] を埋めてください。

```
>>> import    ❶
>>> url = "https://www.pycon.jp/support/bootcamp.html"
>>> result = requests.get(url)
<Response [200]>
```

Q2

次のステータスコードの意味は何ですか?

```
200
403
404
503
```

Q3

次に示すのは、soup変数の<table>タグからclassにdocutilsという字が含まれるすべてのテキストを抜き出すプログラムです。実行するために [❷] を埋めてください。
[❶] には、Q1の答えと同じものが入ります。

```
import    ❶
from bs4 import BeautifulSoup

url = "https://www.pycon.jp/support/bootcamp.html"
result = requests.get(url)
result.encoding = result.apparent_encoding
soup = BeautifulSoup(result.text, "html.parser")
tables = soup.   ❷   ("table", class_="docutils")
for table in tables:
    print(table.get_text())
```

第 **13** 章

ファイル操作

データを扱ううえではファイル
やデータの操作は重要です。実
際にプログラムを書いていくう
えでデータは必ず扱いますし、
計算するための数値や表などの
情報は、大抵何らかのファイル
に保存されています。Python
で適切な処理を考えるのに大切
なことなので、ひとつひとつ確
実に押さえていきましょう。

この章で学ぶこと

1＿Pythonで扱うデータについて知る

2＿ファイルを読み込んで処理をしてみる

3＿ファイルに情報を書き込む処理をしてみる

4＿with構文を使ってより便利にファイルを扱う

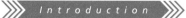

1 ファイル操作について

　プログラムを書く目的として、「大変な計算を自動でやりたい」「見やすい形に情報を形成したい」「表の情報をグラフにしてみたい」といったことが目的となることでしょう。それらを実現するには何らかのデータを必ず扱います。第12章で扱ったWebスクレイピングにおいて次のものをデータと呼びます。

- 情報を取得するために必要だったURL
- Webサイトから取得したHTTPレスポンス

プログラミングはデータを扱うのが必須

　データを扱ううえで避けて通れないのがファイル操作です。計算するための数値や表などの情報は、大抵何らかのファイルに保存されています。また、プログラムで処理をした結果をファイルに保存する場合も多いでしょう。

　この章ではそういったファイルをどうやってPythonで操作するのか紹介していきます。

この章を進めていくための準備

　ここから実際にファイルを扱っていきます。第12章と同様に、VS Codeの[surasura-python] フォルダの中に、[chapter13] という新しいフォルダを作ってください。この章で作成するプログラムやファイルはこのフォルダを利用していきます。

　また、サンプルとしてリスト13-1のテキストファイルも扱います。

リスト13-1 　zen-of-python.txt

```
The Zen of Python, by Tim Peters

Beautiful is better than ugly.
Explicit is better than implicit.
Simple is better than complex.
Complex is better than complicated.
Flat is better than nested.
Sparse is better than dense.
Readability counts.
Special cases aren't special enough to break the rules.
Although practicality beats purity.
Errors should never pass silently.
Unless explicitly silenced.
In the face of ambiguity, refuse the temptation to guess.
There should be one-- and preferably only one --obvious way
todo it.
Although that way may not be obvious at first unless you're
Dutch.
Now is better than never.
Although never is often better than *right* now.
If the implementation is hard to explain, it's a bad idea.
If the implementation is easy to explain, it may be a good idea.
Namespaces are one honking great idea -- let's do more of those!
```

　この「zen-of-python.txt」は、翔泳社のサイトからダウンロードして利用できる本書の「付属データ」に同梱しています。

・付属データのダウンロード
https://www.shoeisha.co.jp/book/download/9784798169361

ダウンロードしたら、「zen-of-python.txt」という名前のファイルを[chapter13]フォルダに保存してください。

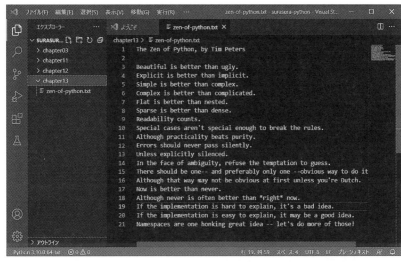

準備ができた状態の VS Code

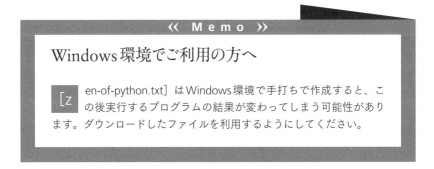

《 Memo 》

Windows環境でご利用の方へ

[z] en-of-python.txt]はWindows環境で手打ちで作成すると、この後実行するプログラムの結果が変わってしまう可能性があります。ダウンロードしたファイルを利用するようにしてください。

2 ファイルを操作してみよう

　ここで、ファイルを操作する流れをイメージしてみましょう。パソコンで文章を作成するときを考えてみます。

　最初にワープロソフトやテキストエディタを起動して、新規に文章を作成していきます。文章を書き上げたら保存をしてファイルを閉じ、ワープロソフトやテキストエディタも終了します。もし文章を「やっぱり直したい」となった場合は保存したファイルを開き、編集を行い、保存をして最後にはファイルを閉じます。どんなソフトウェアにおいても、ファイルを扱うときには次の処理が行われます。

- ファイルを開く
- ファイルの内容を読み込む
- ファイルを編集する（書き込みを行う）
- ファイルを閉じる

　特に「ファイルを開く」と「ファイルを閉じる」という処理は、最初と最後の処理であり、ファイルを扱う際には必ず行われる処理です。

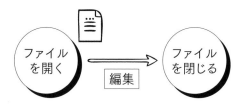

ファイルを開いてから閉じるまでの流れ

　Pythonでファイルに保存されたデータを扱っていく際にも同様です。まずはこの基本的なファイルを扱う流れに沿って次のようなプログラムを動かしながら、Pythonでファイルを扱う基本を押さえましょう。

- ファイルを読み込む処理をする
- ファイルに書き込む処理をする

Python でファイルを読み込む処理をする

まずはファイルを開いてみないことには始まりません。Pythonには open 関数というものが用意されています。この関数はどこでも呼び出し可能な**組込関数**と呼ばれるものです。ファイルの読み書きといった基本的な操作を手軽に行うことができます。

open 関数を使って Python でファイルを読み込んでみましょう。**13-1**で用意した「zen-of-python.txt」を使います。準備として、ターミナル画面で次のように、[chpter13] フォルダを開いてください。

［Windows］ターミナル

```
cd ~\Documents\surasura-python\chapter13
```

［macOS］ターミナル

```
cd ~/Documents/surasura-python/chapter13
```

実行結果 Windowsの例

```
PS C:\Users\surapy\Documents\surasura-python> ↵
cd ~\Documents\surasura-python\chapter13
PS C:\Users\surapy\Documents\surasura-python\chapter13>
```

上記のコマンドを実行したら、インタラクティブシェルを起動して、次のように入力してみてください。

インタラクティブシェル

```
f = open("zen-of-python.txt", "r")
f.read()
f.close()
```

第13章
ファイル操作

```
>>> f = open("zen-of-python.txt", "r")
>>> f.read()
"The Zen of Python, by Tim Peters\n\nBeautiful is better than
ugly.\nExplicit is better than implicit.\nSimple is better than
complex.\nComplex is better than complicated.\nFlat  is better
than nested.\nSparse is better than dense. \nReadability counts.
\nSpecial cases aren't special enough to break the rules.
\nAlthough practicality beats purity.\nErrors  should never pass
silently.\nUnless explicitly silenced.\nIn the face of
ambiguity, refuse the temptation to guess.\nThere should be
one-- and preferably only one  --obvious way to do it.\nAlthough
that way may not be  obvious at fi rst unless you're Dutch.\nNow
is better than never.\nAlthough never is often better than
*right* now.\nIf the implementation is hard to explain, it's a
bad idea.\nIf the implementation is easy to explain, it may be a
good idea.\nNamespaces are one honking great idea -- let's  do
more of those!\n"
>>> f.close()
```

改行が\nで表示されている状態ですが、ファイルを読み込むことができているように見えますね。単純に「ファイルの中身を見る」ということについては、上記の3行だけでできてしまいます。とても手軽に扱えることがイメージできたでしょうか。それではそれぞれの行の処理を見ていきます。

```
f = open("zen-of-python.txt", "r")
```

右側のopen関数に注目してみます。open関数はファイルオブジェクトと呼ばれる、**ファイルを開いた状態**を扱うことのできるオブジェクトを返します。**ファイルオブジェクト**は、ファイルの内容とファイルを扱うための関数が含まれているオブジェクトと考えて問題ありません。

1つ目の引数には開く対象のファイル名が指定されています。先ほど保存したテキストファイルですね。2つ目の引数には「ファイルをどのように扱うか」を示すための固有の文字が入ります。ここでは［r］が指定されていますが、これは読み込み専用という意味です。read（読む）の［r］と覚えておくとわかりやすいです。つまり［zen-of-python.txt］という名前のファイルを読み込み専用で開いています。そして、開いた結果がファイルオブジェクトと呼ばれるオブジェクトで返され、変数fが受け取っています。

rの省略

open関数の2つ目の引数は省略することも可能で、その場合はr が指定されたときと同様の動きをします。そのため、ここでは 次のように記述することもできます。

インタラクティブシェル

```
>>> f = open("zen-of python.txt")
```

```
f.read()
```

f.read()でreadメソッドを呼び出しています。このメソッドで読み込んだファ イルの内容は文字列として一度にすべて取得できます。

```
f.close()
```

readと同様に、close()でcloseメソッドを呼び出しています。ただし、read と違い、一見何もしていないようにも見えます。実はこのcloseメソッドは非 常に大事な処理で、「**Pythonでファイルを開いている状態が終わる**」という宣 言をします。ワープロソフトや表計算ソフトなどでもよくある「ファイルを閉 じる」のようなものだと考えればイメージがしやすいです。

この処理を行わないと、プログラムが最後まで終わらない限り、Pythonはずっ とファイルを開き続けた状態になります。ファイルが開かれたままになると、 他のソフトウェアからの書き込み処理を受けられないなど影響が出てしまいま す。ファイルの読み込みが終わったらcloseメソッドの処理は必ず行うように してください。

ここで紹介した「open（ファイルを開く）」「read（ファイルの内容を読み込 む）」「close（ファイルを閉じる）」という流れが、ファイルを読み込む処理の 基本的な流れです。プログラミングでも、画像や文章などのファイルを編集す るときと同じなのです。

Python でファイルに情報を書き込む処理をする

　今度はファイルに対して情報を書き込んでみましょう。インタラクティブシェルから次のように入力してください。[r] の部分が [w] になった以外は、ファイルを読み込むときと同じような流れです。

インタラクティブシェル

```
f = open("surasura-sample.txt", "w")
f.write("Python からファイルに書き込みをします。\n")
f.close()
```

実行結果

```
>>> f = open("surasura-sample.txt", "w")
>>> f.write("Python からファイルに書き込みをします。\n")
24
>>> f.close()
>>>
```

　順番に実行結果を見ていきます。

```
>>> f = open("surasura-sample.txt", "w")
```

　読み込みのときと同じで、open関数が登場しています。1つ目の引数は開く対象のファイル名です。読み込むのではなく、書き込む対象のファイルであることに注意しましょう。2つ目の引数は [w] が指定されています。先ほど指定されていた読み込み専用の [r] とは対照的に、[w] は書き込み専用という意味です。write（書く）の [w] と覚えておくとわかりやすいです。

　つまりここでは、[surasura-sample.txt] というファイルを書き込み専用として開いていることがわかります。変数fはopen関数が返す [surasura-sample.txt] というファイルを開いた状態のファイルオブジェクトを受け取っています。

```
>>> f.write("Python からファイルに書き込みをします。\n")
24
```

ファイルオブジェクトからwriteという処理を呼び出し、引数に文字列が指定されています。writeメソッドは開いているファイルに対して書き込みを行う関数で、引数に渡された文字列を書き込みます。書き込む内容は、print関数と違い読みやすくするための改行が自動的に挿入されるということはありません。あくまでも引数に渡された内容のみを書き込むので、行の最後には改行を表す\nも含めることを忘れないようにしましょう。

　ファイルへの書き込みが行われると、実際に書き込まれた情報量を表す数値が返されます。この数値の単位はバイト数です。今回の例では24バイトの情報をファイルへ書き込んだことになります。

```
>>> f.close()
```

　closeは読み込み処理を行ったときと同様です。ここでファイルを開いた状態が終わり、Pythonから［surasura-sample.txt］に対するすべての処理が終了します。

ファイル操作のまとめ

　ここまでの内容がPythonでファイル操作する際の基本的な流れです。もっとも基礎となるところですので、しっかりと理解しておきましょう。ファイルを扱う際には、必ず次の手順を踏みます。

❶ ファイルを扱うときは必ず最初にopen関数でファイルを開く
❷ ファイルを扱う処理を行う（読み込む/書き込むなど）
❸ ファイルに対する処理が完了したらcloseメソッドでファイルを閉じる

　open関数の引数［r］と［w］の違いや、ファイルオブジェクトと呼ばれるオブジェクトなどは、この後に解説していきます。

3 open関数とファイルオブジェクト

open関数はPythonでファイルを扱ううえでは欠かせない存在であることを説明してきました。ここで、改めてopen関数の使い方を紹介していきます。

open 関数のよく使う機能

open関数は操作をしたい対象となるファイルを指定することで、そのファイルを開きます。開いたファイルの情報はファイルオブジェクトとして返されます。

インタラクティブシェル

```
f = open("操作したいファイルのパス", "どのようにファイルを扱うか")
```

ここまでの説明では、1つ目の引数には「操作をしたいファイルを示す情報」としてファイル名を指定してきました。ただ、正しくは「操作したいファイルのパス」を指定します。第3章でも紹介しましたが、WindowsでもmacOSでもパソコン上のファイルはファイルパスと呼ばれる情報をもっています。ファイルパスは「このファイルがどの場所に保存されているか」という住所のような情報を表します。例えば、次のように指定できます。

〔Windows〕インタラクティブシェル

```
f = open("C:\\Users\\(パソコンのユーザー名)\\Documents\\weather.txt")
```

〔macOS や Linux〕インタラクティブシェル

```
f = open("/Users/(パソコンのユーザー名)/Documents/weather.txt")
```

Windowsの場合はフォルダの階層を区切る「\」が「\\」となる点に注意してください。これはPythonで文字列を扱う際に「\」単体では「\n」のような特

殊な文字を表現するために利用されるため、「\」そのものを表すためには「\\」とする必要があるからです。

open関数の2つ目の引数には「どのようにファイルを扱うか」を示すための文字が入ります。すでに紹介した例では読み込み専用の意味の［r］と、書き込み専用の［w］がありましたね。このような「どのようにファイルを扱うか」という方法を**ファイルを開くモード**と呼びます。よく利用するモードを紹介すると、次のとおりです。書き込み処理を行うモードは3種類ありますが、それぞれ動きが違いますので注意してください。

● r：読み込み専用モード

rは読み込み専用のモードです。readなどのファイルの内容を読み込むための処理が可能なファイルオブジェクトを返します。このモードでは書き込み処理を行うことはできません。また引数で指定したファイルが存在しないときは次のようなエラーを返し、処理が失敗します。

実行結果

```
>>> f = open("write-test.txt", "r")
Traceback (most recent call last):
 File "<stdin>", line 1, in <module>
FileNotFoundError: [Errno 2] No such file or directory:
'write-test.txt'
```

● w：上書きをする書き込み専用モード

wは書き込み専用モードです。ファイルに書き込むための処理が可能なファイルオブジェクトを返します。指定したファイルがすでに存在する場合に書き込み処理を行うと、そのファイルの内容を破棄して上書きをします。

● a：追記する書き込み専用モード

aはwと同様に書き込み専用モードで、ファイルに書き込むための処理が可能なファイルオブジェクトを返すのも同様です。指定したファイルがすでに存在する場合に書き込み処理を行うと、そのファイルの末尾へ追記する形で書き込みを行います。

● x：新規のファイルにのみ処理できる書き込み専用モード

　xはwと同様に書き込み専用モードで、ファイルに書き込むための処理が可能なファイルオブジェクトを返します。wとの違いは、指定するファイルが存在しないときだけ書き込み処理ができる点です。既に指定するファイルが存在する場合は次のようなエラーを返し、書き込み処理は失敗します。

実行結果

```
>>> f = open("surasura-sample.txt", "x")
Traceback (most recent call last):
  File "<stdin>", line 1, in <module>
FileExistsError: [Errno 17] File exists: 'surasura-sample.txt'
```

　open関数のモードを表にすると、次のとおりです。

open 関数のモード

モード	意味
r	読み込み専用モード
w、x、a	書き込み専用モード。指定したファイルがある場合はそれぞれ違う動きをする

Column

ファイルの種類を扱うモード

コンピュータで扱うファイルは、おおまかに次の2種類に分類できます。

- 文字だけが保存される**テキストファイル**
- 画像や音楽などの文字以外の情報が保存される**バイナリファイル**

open関数のファイルを開くモードには、先の表にもあるように、次のように扱うファイルの種類を指定するものがあります。

t（テキストモード）

テキストファイルを扱うためのモードです。open関数のデフォルトではこちらのモードなので、実際に指定する機会は少ないです。

b（バイナリモード）

バイナリファイルを扱うためのモードです。画像や音楽などのテキスト以外の形式のファイルを扱う際に指定する必要があります。

これらのモードは単体で指定するのではなく、読み書きを表すモードと組み合わせて利用します。例えば、photo.jpgという画像ファイルを読み込み専用で開く場合は、次のようにします。

インタラクティブシェル

```
f = open("photo.jpg", "rb")
```

本書で扱うファイル操作は、テキストファイルのみを対象としているためファイルの種類を意識する必要はありません。今後、テキスト以外のファイルを扱いたくなった場合に読み書き以外のモードを指定する必要があることを頭の片隅に置いておくとよいでしょう。

ファイルオブジェクトの基本

　ファイルオブジェクトはopen関数によって返される「ファイルを開いた状態」をもっているオブジェクトです。ファイルを「開いた状態」といわれてもピンとこないかもしれません。こういった状態はパソコンで何かをしているときには頻繁に発生しています。例えばパソコンで写真を参照しているときは、画像を表示するソフトウェアが画像ファイルを開いています。ソフトウェアには開いている画像ファイルの角度変更や、明るさ調整などの処理を加えることができるものもあるでしょう。

ペイントソフトで画像を編集

　ファイルオブジェクトについても同様の状態です。先ほどの例でも open 関数が返すオブジェクトから read という処理を呼び出し、ファイルの内容の表示ができます。［w］モードでファイルを開き write という処理を呼び出せば、ファイルの内容を更新することもできます。

　例えば次のプログラムにおける変数 f の状態は、まさに図で示したペイントソフトでファイルを開いている状態と一緒なのです。

インタラクティブシェル

```
f = open("hogehoge.txt", "w")
f.write("ファイルに文字を書き込んでいます")
f.close()
```

実行結果

```
>>> f = open("hogehoge.txt", "w")
>>> f.write("ファイルに文字を書き込んでいます")
16
>>> f.close()
```

ファイルオブジェクトでよく使う関数

先ほどまではopen関数でよく使うオプションを紹介してきました。次のステップとして、ここではファイルオブジェクトがもつ基本的な機能を紹介していきます。

● ファイルの開いている位置を調べる（tell、seek）

ファイルオブジェクトは「今開いているファイルの中で、どの部分にカーソルがあるか」という、ファイルの中の現在地に該当する情報を持っています。これは、テキストエディタやワープロソフトを使っているときのカーソルの位置と同じようなものと考えることができます。パソコンで文字を入力していくときは、必ずカーソルが置かれている「現在地」から入力されていきますね。Pythonでファイルを取り扱う際も同様です。読み込むときも、書き込むときと同様「現在地」から行われます。

では、open関数で返されるファイルオブジェクトは一体どのような位置にいるのでしょうか。それを知るためにはtellメソッドが利用できます。[zen-of-python.txt] のファイルを開いて確認してみましょう。

インタラクティブシェル

```
f = open("zen-of-python.txt", "r")
f.tell()
```

実行結果
```
>>> f = open("zen-of-python.txt", "r")
>>> f.tell()
0
```

0という整数が返されました。このtellメソッドで返される数値は、ファイルの先頭から何バイト離れているかを表す整数です。つまり、ファイルオブジェクトの最初の「現在地」は「ファイルの先頭」であることがわかります。ここで少しファイルを読み込んでみます。ファイルの内容を1行だけ読み出すreadlineメソッドを呼び出してみます。

インタラクティブシェル

```
f.readline()
```

実行結果

```
>>> f.readline()
'The Zen of Python, by Tim Peters\n'
```

1行だけ表示されましたね。このとき、ファイルオブジェクトはどの位置を開いているでしょうか。再びtellメソッドを呼び出してみましょう。

インタラクティブシェル

```
f.tell()
```

実行結果

```
>>> f.tell()
33
```

今度は33という数値が表示されました。直前で呼び出した文字数が「半角文字の32文字」+「改行を表す1文字」という内容であることから、ファイルを読み込んだ分だけ現在地も進んだことになります。他の読み込みの処理や、書き込みの処理においても同様のことがいえます。ファイルオブジェクトは基本的に読み書きした分だけ「ファイルの中の現在地」が移動します。ここでさらに続けてreadlineメソッドを呼び出し、tellメソッドでファイル内の位置を確認してみましょう。

インタラクティブシェル

```
f.readline()
f.tell()
```

実行結果

```
>>> f.readline()
'\n'
>>> f.tell()
34
```

実行結果が最初の呼び出しのときとは異なります。次の行が表示され、さらにファイル内の位置が進んでいることがわかります。

では「また最初の1行目を読み出したい」となった場合はどうすればよいでしょうか。ファイルを一度closeメソッドで閉じ、再びopen関数を呼び出してもいいのですが、少々面倒です。そんなときはseekメソッドが利用できます。**seek**は、引数で渡された整数の位置にファイル内の現在地を移動させることができるメソッドです。

先ほどの例でファイルの一番先頭である0に戻り、再び1行目の内容を読み出します。実行する流れを見ていきましょう。

インタラクティブシェル

```
f.tell()
f.seek(0)
f.tell()
f.readline()
```

実行結果

```
>>> f.tell()
34
>>> f.seek(0)
0
>>> f.tell()
0
>>> f.readline()
'The Zen of Python, by Tim Peters\n'
```

［.seek(0)］を呼び出すことで、ファイル内における現在地が0に戻っています。そこからreadlineメソッドで読み出す内容も、最初のときと同じファイルの1行目の内容であることがわかります。ここまでの内容を簡単にまとめると次のとおりです。

❶ ファイルオブジェクトは「今開いているファイルのどの部分にカーソル位置があるか」を表す「ファイルの中の現在地」をもっている

❷ 「ファイルの中の現在地」はファイルの先頭からどれだけ離れているかを表す整数で表される。単位はバイト（byte）

❸ tellメソッドで今開いているファイルの中の現在地を確認できる

❹ seekメソッドでファイルの中の現在地を引数に指定した数値の場所へ変更できる

本書においてはファイルの中の現在地を直接操作することは少ないですが、ファイルを操作するうえで「ファイルの中の現在地」は重要な要素です。すぐにすべてを理解できなくとも、「ファイルを開いているカーソル位置」ということは頭の片隅に置いておくとよいでしょう。

開いたファイルの内容を読み込む（read、readline、readlines）

最初の例でも出てきたreadメソッドを含め、ファイルオブジェクトにはファイルを呼び出す方法がいくつか存在します。その中でもよく使う次の3つを紹介します。

- read
- readline
- readlines

名前が似ていてややこしいですが、それぞれ違った処理の仕方をしますので、作例を見て違いを理解していきましょう。

readメソッド

これは初めの例でも出てきました。そのときは特に引数も指定せずに、ファイルの内容を読み出す基本的な処理ということで登場していました。readメソッドについて改めて説明をすると、整数の引数を1つとり、最大で指定した数のバイトだけ読み出して文字列型またはbytes型で返すという処理を行います。

この説明ではイメージしづらいですね。そこで13-1でも使用した［zen-of-python.txt］を、引数ありのreadメソッドで読み込んでみて動きを見てみましょう。

インタラクティブシェル

```
f = open("zen-of-python.txt", "r")
f.read(10)
f.close()
```

```
>>> f = open("zen-of-python.txt", "r")
>>> f.read(10)
'The Zen of'
>>> f.close()
```

　readメソッドの引数に10を指定したところ、ファイルの内容の一部のみが読み込まれています。表示された文字列に注目してみると、[The Zen of]はスペースも含めて10文字です。半角の英数文字や記号の文字列は1文字1バイトの情報をもっていますので、10バイトだけの情報が表示されたということになります。つまり、readメソッドの引数で指定されたとおり、最大10バイトに収まるだけの量の情報をファイルから読み込んだのです。

　今の例では最大10バイトを使い切ってファイルの内容を読み込みました。一方でファイルに含まれている情報量が指定した数よりも少ない場合などでは、読み出した情報量が引数で指定した数を下回ることもあります。次の例では少し大きめの1000を指定していますが、[zen-of-python.txt]の容量は857バイトです。実際に1000バイトだけの情報は読み出しませんが、読み出し可能な分の情報の読み出しは行われます。実質、ファイルの内容すべてを読み出すことになります。

インタラクティブシェル

```
f = open("zen-of-python.txt", "r")
f.read(1000)
f.close()
```

実行結果

```
>>> f = open("zen-of-python.txt", "r")
>>> f.read(1000)
"The Zen of Python, by Tim Peters\n\nBeautiful is better  than
ugly.\nExplicit is better than implicit.\nSimple is  better than
complex.\nComplex is better than complicated.\nFlat is better
than nested.\nSparse is better than dense.\nReadability counts.\
nSpecial cases aren't special enough  to break the rules.\
nAlthough practicality beats purity.\ nErrors should never pass
silently.\nUnless explicitly  silenced.\nIn the face of
ambiguity, refuse the temptation  to guess.\nThere should be
```

```
one-- and preferably only one  --obvious way to do it.\nAlthough
that way may not be  obvious at first unless you're Dutch.\nNow
is better than never.\nAlthough never is often better than
*right* now.\nIf the implementation is hard toexplain, it's a
bad idea.\nIf the implementation is easy to explain, it may be a
good idea.\nNamespaces are one honkinggreat idea -- let's do
more of those!\n"
>>> f.close()
```

　また、readメソッドは引数を省略、あるいは負の数を指定した際はすべての
ファイルの内容を読み出します。それが13-2のファイル読み込みの処理で登
場していたものです。print関数を使い表示をすると、改行を表す［\n］は記号
ではなく実際の改行として表示がされます。表示されている内容がリスト13-1
の内容と同じであることが、ひと目で確認できます。

インタラクティブシェル

```
f = open("zen-of-python.txt", "r")
print(f.read())
f.close()
```

実行結果

```
>>> f = open("zen-of-python.txt", "r")
>>> print(f.read())
The Zen of Python, by Tim Peters

Beautiful is better than ugly.
Explicit is better than implicit.
Simple is better than complex.
Complex is better than complicated.
Flat is better than nested.
Sparse is better than dense.
Readability counts.
Special cases aren't special enough to break the rules.
Although practicality beats purity.
Errors should never pass silently.
Unless explicitly silenced.
In the face of ambiguity, refuse the temptation to guess.
There should be one-- and preferably only one --obvious way to
do it.
Although that way may not be obvious at first unless you're
Dutch.
Now is better than never.
```

```
Although never is often better than *right* now.
If the implementation is hard to explain, it's a bad idea. If
the implementation is easy to explain, it may be a good  idea.
Namespaces are one honking great idea -- let's do more of
those!
>>> f.close()
```

　ここまで、ファイルオブジェクトのreadメソッドの処理内容を説明してきま
した。実際のところ、バイト単位でファイルの読み込む量を制御する機会はそ
う多くありません。readメソッドを使う際は引数を省略して、ファイルの内容
を一度にすべて読み込む用途で利用されることが多いです。そのため引数のな
いread()でファイルの内容を一度にすべて読み込める、ということを押さえて
おくのがよいでしょう。

readlineメソッド

　readlineメソッドはファイルの内容を1行だけ読み込み、結果を文字列型と
して返します。試しに［zen-of-python.txt］をreadlineメソッドで読み込んで
みましょう。

インタラクティブシェル

```
f = open("zen-of-python.txt", "r")
f.readline()
f.close()
```

実行結果

```
>>> f = open("zen-of-python.txt", "r")
>>> f.readline()
'The Zen of Python, by Tim Peters\n'
>>> f.close()
```

　［zen-of-python.txt］の最初の1行だけが読み込まれていることがわかります。
これだけでは、1行しか読めないので不便ではないかと感じるかもしれません。
しかしながら、100万行を超えるような巨大なファイルであっても、一度に読
み込む量は1行だけです。不要な内容を読み出す心配はありません。呼び出す
回数や前項で紹介したseekメソッドとうまく組み合わせることによって、効率

的なファイルの読み出しの処理を行うのに役に立つのです。

readlines メソッド

　readlines メソッドはファイルの内容をすべて読み込み、その結果の1行を1
要素としたリスト形式で返します。例を見ていきましょう。［zen-of-python.
txt］を readlines で読み込んでみます。

インタラクティブシェル

```
f = open("zen-of-python.txt", "r")
f.readlines()
f.close()
```

実行結果

```
>>> f = open("zen-of-python.txt", "r")
>>> f.readlines()
['The Zen of Python, by Tim Peters\n', '\n', 'Beautiful is
better than ugly.\n', 'Explicit is better than implicit .\
n','Simple is better than complex.\n', 'Complex is  better than
complicated.\n', 'Flat is better than nested.\n', 'Sparse is
better than dense.\n', 'Readability counts. \n', "Special cases
aren't special enough to break the  rules.\n",
'Althoughpracticality beats purity.\n', 'Errors should never
pass silently.\n', 'Unless explicitly  silenced.\n', 'In the
face ofambiguity, refuse the  temptation to guess.\n', 'There
should be one-- and  preferably only one --obvious way to do
it.\n', "Although  that way may not be obvious at first unless
you're Dutch.\n', 'Now is better than never.\n', 'Although never
is  often better than *right* now.\n', "If the implementation
is hard to explain, it's a bad idea.\n", 'If the implementation
is easy to explain, it may be a good idea.\n', "Namespaces are
one honking great idea -- let's do  more of those!\n"]
>>> f.close()
>>>
```

　read メソッドのときと同様にファイルの内容をすべて読み込んでいるように
見えます。よく見ると []で囲まれていて、,（カンマ）で文字列が区切られてい
ることがわかります。つまりこれはリスト形式ですね。

3　open関数とファイルオブジェクト

readlineとreadlinesの違い

r eadlineメソッドとreadlinesメソッドは混同されがちですが、処理の内容は大きく違います。次のように意味と一緒に覚えておきましょう。

- readline：単数形 → 1行を処理する → 1行ずつ読み込む
- readlines：複数形 → 複数行を処理する → すべての行を読み込む

3種類のファイルを読み込む方法を紹介しました。それぞれの特徴を次の表にまとめます。

ファイルを読み込む方法

メソッド名	意味
read	ファイルの内容を引数で指定された数字の分だけ読み込み、1つの文字列として返す。引数を省略した場合は基本的にファイルの内容をすべて読み込む
readline	ファイルの内容を1行だけ読み込んで、文字列として返す
readlines	ファイルの内容を一度にすべて読み込み、リストとして返す

ファイルオブジェクトの機能でファイルを読み込む

ファイルの中身を読み込むためのメソッドを紹介しましたが、ファイルオブジェクトそのものにもファイルの内容を読み込む機能があります。具体的には、for文で繰り返す対象に指定すると「繰り返しごとにファイルの内容を1行ずつ読み進めていく」という機能です。

どういったものなのか試してみましょう。次の内容をインタラクティブシェルで実行してみてください。

インタラクティブシェル

```
f = open("zen-of-python.txt", "r")
for line in f:
    print(line, end="")
```

実行結果は割愛しますが、readメソッドを使ったときと同様に［zen-of-python.txt］の内容が表示されます。

上記コードの2行目に注目すると、for文の繰り返しの対象として、ファイルオブジェクトが指定されていることがわかります。ファイルの内容はfor文の繰り返しごとに1行読み込まれ、その結果が繰り返し内の変数（ここでいうline変数）に渡されます。ファイルの最後の行まで読み進めるとリストを指定したときと同様に、繰り返しの処理が終了します。つまり、2行目以降はファイルを1行目から順番に読み込み、それぞれの行の内容をprint関数に渡しているという処理を行っています。

print関数で引数endに空の文字列を指定しているのは、ファイルそのものに含まれている改行とprint関数が自動的に挿入をする改行文字が重複し、二重に改行されるのを防ぐためのものです（詳細は**13-4**の「Column　print関数の引数end」をご参照ください）。

このファイルオブジェクトで直接for文による繰り返しを行う方法は、ファイル全体の内容を1行ずつ順番に読み込むときに便利です。この方法では一度にファイルの内容をすべて読み出すことはしないため、単純にファイルの内容をすべて読み出すときはreadlinesメソッドよりも**効率的な処理**が可能です。

◑ 開いたファイルへ情報の書き込みを行うwrite

　読み込みの次はファイルに情報を追加する、書き込み処理を扱う方法を紹介していきます。読み込みとは違い、書き込みの処理はwriteを使う場合がほとんどです。

writeメソッド

　writeメソッドは引数に渡された文字列を開いているファイルへ書き込みます。13-2で紹介した例をもう一度見てみましょう。

インタラクティブシェル

```
f = open("surasura-sample.txt", "w")
f.write("Python からファイルに書き込みをします。\n")
f.close()
```

実行結果

```
>>> f = open("surasura-sample.txt", "w")
>>> f.write("Python からファイルに書き込みをします。\n")
24
>>> f.close()
```

　ファイルオブジェクトfからwriteメソッドを呼び出し、「Pythonからファイルに書き込みをします。\n」という文字を書き込んでいるのでしたね。writeメソッドはファイルを閉じるまでは何度でも呼び出すことができ、呼び出すたびに追加で書き込みが行われます。closeをしていないファイルオブジェクトについては、モードに関係なく追記の処理をしていきます。

インタラクティブシェル

```
g = open("aisatsu.txt", "w")
g.write("おはようございます\n")
g.write("こんにちは\n")
g.write("こんばんは\n")
g.write("おやすみなさい\n")
g.close()
```

```
>>> g = open("aisatsu.txt", "w")
>>> g.write("おはようございます\n")
10
>>> g.write("こんにちは\n")
6
>>> g.write("こんばんは\n")
6
>>> g.write("おやすみなさい\n")
8
>>> g.close()
```

このときの［aisatsu.txt］の中身は次のようになります。

インタラクティブシェル

```
g = open("aisatsu.txt", "r")
g.read()
g.close()
```

```
>>> g = open("aisatsu.txt", "r")
>>> g.read()
'おはようございます\nこんにちは\nこんばんは\nおやすみなさい\n'
>>> g.close()
```

with 構文を使ってより便利にファイルを扱う

　ここまでPythonでファイルの読み込みと書き込みに関する基本的な内容を扱ってきました。その際には、次の流れでプログラムを書いてきました。

❶ open関数でファイルを開く
❷ readメソッドなどでの読み込み、またはwriteメソッドでの書き込みの処理をする
❸ closeメソッドでファイルを閉じる

　実はこの一連の処理は、with構文を使うことによって簡潔に書くことができます。

具体的な例で比較してみます。まずはこれまでどおりの書き方で、［zen-of python.txt］ファイルの内容を読み込むプログラムを記載します。

インタラクティブシェル

```
f = open("zen-of-python.txt", "r")
f.read()
f.close()
```

これと同じ処理を行うプログラムをwith構文を使って書いてみると、次のようになります。

インタラクティブシェル

```
with open("zen-of-python.txt", "r") as f:
    f.read()
```

open関数はwith構文の中で宣言され、closeメソッドの宣言はなくなっています。このような書き方ができるのは、次のwith構文とファイルオブジェクトの組み合わせによるものです。

- with構文は、コードブロックを実行するために必要な入り口および出口の処理を行う
- ファイルオブジェクトはwith構文における出口に該当する処理としてcloseメソッドを呼び出す

順番に説明をしていきます。

● with構文はコードブロックを実行するために必要な入り口および出口の処理を行う

with構文については基本的には次の形式で利用します。

文法

```
with （入り口の処理） as （入り口の結果を受け取る変数）:
    構文によって作られるコードブロック
```

今回の例で入り口の処理に該当するのは［open('zen-of-python.txt', 'r')］です。この処理がwith構文を実行する際の最初に行われ、［as］によってその結果が変数fに渡されている状態です。また［as］によって結果を受け取る変数は、with構文によって作られるコードブロックの中で使うことができます。上記の例で、with構文の中でいきなりf.read()と呼び出すことができるのはこのためです。

● ファイルオブジェクトはwith構文における出口に該当する処理としてcloseを呼び出す

open関数が返すファイルオブジェクトは、with構文が終わる際の出口の処理としてcloseメソッドを呼び出します。つまり、with構文が終わる際には自動的にファイルを閉じる処理を行います。with構文を使った書き方で、f.close()が登場していないのはこのためです。自動的に呼び出されるため、書く必要がないのです。

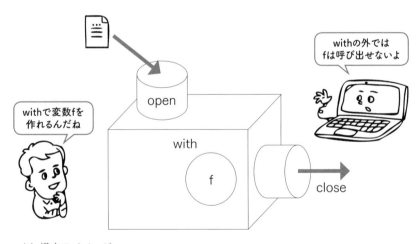

with 構文のイメージ

with構文を使ったファイルを扱う方法には、次のメリットがあります。Pythonでファイルを扱う際には利用するようにしてください。

3 open関数とファイルオブジェクト

- どこからどこまでがファイルを扱う処理なのかが明確になり、より読みやすいプログラムを書ける
- エラーの発生やcloseメソッドの書き忘れにより、ファイルを閉じる処理が正しくできないプログラムになることを防ぐことができる

Column

構文

構文は処理の塊（＝ブロック）を作り、そこに対して何らかの制御を加えるものです。そういうと難しく感じてしまいますが、実はすでに本書でも登場しています。具体的な例をあげると、ifやforが該当します。

例えば、次のようなプログラムがあるとします。

```
number = 0
for i in range(10):
    number += i
    print(f"番号を足し算すると {number}")
```

この処理はrangeで返される0から9までの10個の数値を順番に足し算をして、その結果を表示するものです。改めてfor以下の2行に注目すると、forによって処理のやり方が制御されているのがわかります。forがなければ一度しか処理がされずに終わるはずですが、forによって繰り返し処理を行うように制御されています。構文の「処理の塊（＝ブロック）を作り、そこに対して何らかの制御を加える」ということがおわかりいただけたと思います。

with構文

with構文は、厳密には「コンテキストマネージャによって定義された
メソッドでラップするために使われます」とPython公式のドキュメン
トで記載されています。

• Python言語リファレンス

https://docs.python.org/ja/3/

with構文のすべてをきちんと理解するにはPythonに関する深い知識が
必要なので、本書の範囲を超えてしまいます。一方で、ファイルオブジェ
クトとの相性のよさから、最近ではファイルを扱う際には必ずといっ
ていいほど登場するのも事実です。検索エンジンでファイルの扱い方
を調べる際にも頻繁に遭遇します。そのため、本書では厳密な説明は
割愛しつつもファイルを扱う際の具体例に沿った説明を掲載するにと
どめています。
より詳しく知りたい方は、Python公式ドキュメントの次のページを読
んでみるとよいでしょう。

https://docs.python.org/ja/3/reference/compound_stmts.html#
with

https://docs.python.org/ja/3/reference/datamodel.html#with
statement-context-managers

https://docs.python.org/ja/3/library/stdtypes.html#context-
manager-types

応用編　プログラムの中で ファイルを扱ってみよう

13 **4**

　ここからはファイルの基本的な操作方法を活かして、第12章で作ったWeb スクレイピングのプログラムをさらに実用的なものにしていきましょう。

　準備として、[chapter12] フォルダに保存している [bootcamp_venues.py] を [chapter13] フォルダにコピーしてください。普段パソコンでファイルを コピーアンドペーストする要領でやっていただいて構いません（[bootcamp_ venues.py] の内容は第12章を最後まで進めた状態であるとします）。

　この [bootcamp_venues.py] というプログラムは、Python Boot Campの開 催済みの開催地と開催日情報を抜き出すプログラムでしたね。実行結果は次の ようになったはずです。

ターミナル

```
python bootcamp_venues.py
```

実行結果

```
PS C:\Users\surapy\Documents\surasura-python\chapter13> 
python bootcamp_venues.py
開催日，開催地
6月18日(土)，京都
7月30日(土)，愛媛
8月28日(日)，熊本
11月19日(土)，札幌
2月11日(土)，栃木小山
3月11日(土)，広島
4月8日(土)，大阪
5月20日(土)，神戸
6月10日(土)，長野
6月24日(土)，香川
7月29日(土)，愛知
9月30日(土)，福岡
10月28日(土)，長野八ヶ岳
11月4日(土)，鹿児島
11月18日(土)，静岡
12月9日(土)，新潟南魚沼
12月16日(土)，埼玉
1月27日(土)，神奈川
2月24日(土)，金沢
```

第

13

章

ファイル操作

```
3月17日(土), 福島
4月21日(土), 柏の葉
6月23日(土), 岩手
7月21日(土), 茨城
8月25日(土), 徳島
8月25日(土), 京都
9月8日(土), 山形
11月17日(土), 山梨
11月23日(金・祝), 岡山
12月8日(土), 仙台
1月12日(土), 静岡県藤枝市
4月20日(土), 和歌山
4月27日(土), 福井
6月22日(土), 山形市
7月27日(土), 岐阜
8月31日(土), 沖縄
10月26日(土), 高知
11月2日(土), 群馬
11月16日(土), 福岡2nd
12月7日(土), 熊本
2月8日(土), 長崎
```

　Python Boot Campの開催済みの開催地と開催日情報が取得できます。この時点では、ターミナルに出力されているだけの状態なので、ウィンドウを閉じてしまうと取得した内容が破棄されてしまいます。そこでこの結果をもう少し扱いやすい形式でファイルに保存し、プログラムを更新していきます。[bootcamp_venues.py] の内容はリスト13-2のとおりでした。

リスト13-2　bootcamp_venues.py（第12章の最終型）

```python
import requests
from bs4 import BeautifulSoup

url = "https://www.pycon.jp/support/bootcamp.html"
result = requests.get(url)
result.encoding = result.apparent_encoding

soup = BeautifulSoup(result.text, "html.parser")
tables = soup.find_all("table", class_="docutils")
table = tables[1]
event_list = table.tbody.find_all("tr")

print("開催日, 開催地")
for event in event_list:
    td_list = event.find_all("td")
```

```
name = td_list[0].get_text()
day = td_list[1].get_text()

if "年" in name or "中止" in name:
    continue

venue = name.replace("Python Boot Camp in ", "")
print(f"{day}, {venue}")
```

出力される内容をそのままファイルに書き出す

　早速プログラムを変更していきましょう。保存先となるファイル名は
［bootcamp-venues.txt］とします。変更する内容は、［bootcamp_venues.py］が
処理の結果を出力していた先を**ターミナルの画面からファイルに変更をすると**
イメージすればわかりやすいです。

これまでは結果を画面に表示してただけだけど

今回はファイルに保存するよ

保存

結果をターミナルに表示するのではなく、ファイルに保存

　ターミナル上の画面に出力している処理はprint関数が行っています。つま
りリスト13-3のprint関数の部分をファイルへ書き込む処理に変更できれば目
的は達成できそうです。

リスト13-3　書き換える箇所

```
import requests
from bs4 import BeautifulSoup
```

```
url = "https://www.pycon.jp/support/bootcamp.html"
result = requests.get(url)
result.encoding = result.apparent_encoding

soup = BeautifulSoup(result.text, "html.parser")
tables = soup.find_all("table", class_="docutils")
table = tables[1]
event_list = table.tbody.find_all("tr")

print("開催日，開催地")          ← ここを変更する
for event in event_list:
    td_list = event.find_all("td")

    name = td_list[0].get_text()
    day = td_list[1].get_text()

    if "年" in name or "中止" in name:
        continue

    venue = name.replace("Python Boot Camp in ", "")
    print(f"{day}, {venue}")      ← ここを変更する
```

　ファイルを扱う処理を行うので、あらかじめ保存先のファイルを開きファイルオブジェクトを取得しておく必要があります。ちょうど出力を開始する部分からまるごとwith構文を使うと、うまく書けそうです。

　まず次の内容を追記して、with以下の部分を構文の内部の処理になるようにインデントを下げてコードブロックを作っています。

リスト13-4 with構文を使用してみる

```
import requests
from bs4 import BeautifulSoup

url = "https://www.pycon.jp/support/bootcamp.html"
result = requests.get(url)
result.encoding = result.apparent_encoding

soup = BeautifulSoup(result.text, "html.parser")
tables = soup.find_all("table", class_="docutils")
table = tables[1]
event_list = table.tbody.find_all("tr")

with open("bootcamp-venues.txt", "w") as f:   ← 追記
```

　　　　　4　応用編　プログラムの中でファイルを扱ってみよう

ここから更新。with構文で書き込み処理に変更したい部分をひとまとめにする

```
print("開催日，開催地")
for event in event_list:
    td_list = event.find_all("td")

    name = td_list[0].get_text()
    day = td_list[1].get_text()

    if "年" in name or "中止" in name:
        continue

    venue = name.replace("Python Boot Camp in ", "")
    print(f"{day}, {venue}")
```

with構文の宣言の際には、open関数で今回の保存先となる［bootcamp-venues. txt］という名前のファイルを書き込み専用モードで開いています。

```
with open("bootcamp-venues.txt", "w") as f:
```

この状態であれば、with構文の中でopen関数の返すファイルオブジェクト（［bootcamp-venues.txt］を開いた状態）をf変数で扱うことができます。今回はファイルに書き込み処理を行いたいので、f.writeが利用できそうです。実際にprint関数を書き換えてみるとリスト13-5のようになります。

リスト13-5 with構文内を書き換える

```
import requests
from bs4 import BeautifulSoup

url = "https://www.pycon.jp/support/bootcamp.html"
result = requests.get(url)
result.encoding = result.apparent_encoding

soup = BeautifulSoup(result.text, "html.parser")
tables = soup.find_all("table", class_="docutils")
table = tables[1]
event_list = table.tbody.find_all("tr")

with open("bootcamp-venues.txt", "w") as f:
    f.write("開催日，開催地\n")   ← 更新
    for event in event_list:
        td_list = event.find_all("td")
```

```
name = td_list[0].get_text()
day = td_list[1].get_text()

if "年" in name or "中止" in name:
    continue

venue = name.replace("Python Boot Camp in ", "")
f.write(f"{day}, {venue}\n")  ←── 更新
```

　変更点としては print を f.write に置き換えています。また write メソッドの引数には print 関数に渡していたものに加えて、改行を表す［\n］を追加していることにも注意してください。この［\n］は print 関数を使っている場合は自動的に最後に挿入されていたものですが、ファイルオブジェクトの write メソッドにはそのような機能はありません。改行してほしいところでは必ず［\n］と記入する必要があります。

C o l u m n

print関数の引数 end

普段なかなか意識することはありませんが、print関数にはendという引数があります。endには文字列を指定することができ、省略した場合は改行を表す［\n］が指定されます。endに指定された文字列は、print関数で表示を行う際に第一引数で指定された文字の後ろに挿入されます。
例えば次のようなことができます。

実行結果

```
>>> print("最後の文字を変更してみます", end="--- 終 ---")
最後の文字を変更してみます--- 終 --->>>
```

endに指定している文字が、第1引数で指定した文字列に加えて最後に表示されています。また、インタラクティブシェルにおける次の入力画面の位置も見慣れない位置に出現しました。これは普段必ずendに指定されていた改行（=\n）がなくなってしまったことによります。

手軽に画面に情報を出力できるprint関数ですが、「第一引数で指定している文字以外のものを自動的に挿入して表示している」ということを頭の片隅に置いておくとよいでしょう。

　この変更でこれまで画面に表示されていた内容が、ファイルへ出力されるようになります。ここまで変更を加えた状態で［bootcamp_venues.py］を実行してみましょう。

ターミナル

```
python bootcamp_venues.py
```

実行結果　Windowsの例

```
PS C:\Users\surapy\Documents\surasura-python\chapter13> ⏎
python bootcamp_venues.py
PS C:\Users\surapy\Documents\surasura-python\chapter13>
```

　画面には何も表示がされません。一見すると「プログラムがうまく動かなくなってしまったのかな」と考えてしまうかもしれません。ですが、心配はいりません。ここで［chapter13］フォルダを見てみましょう。［bootcamp-venues.txt］というファイルが生成されているはずです。中身を見てみましょう*。これまでターミナルの画面に表示されていた内容が保存されています（リスト13-6）。

リスト13-6　bootcamp-venues.txtの中身

```
開催日，開催地
6月18日(土)，京都
7月30日(土)，愛媛
8月28日(日)，熊本
11月19日(土)，札幌
2月11日(土)，栃木小山
3月11日(土)，広島
4月8日(土)，大阪
5月20日(土)，神戸
```

---

* Windowsの場合、出来上がったテキストが文字化けしてしまうこともあります。その場合は後述する「テキスト、CSVファイルの中身が文字化けしてしまうときの対策」というコラムをご覧ください。

```
6月10日（土），長野
6月24日（土），香川
7月29日（土），愛知
9月30日（土），福岡
10月28日（土），長野八ヶ岳
11月4日（土），鹿児島
11月18日（土），静岡
12月9日（土），新潟南魚沼
12月16日（土），埼玉
1月27日（土），神奈川
2月24日（土），金沢
3月17日（土），福島
4月21日（土），柏の葉
6月23日（土），岩手
7月21日（土），茨城
8月25日（土），徳島
8月25日（土），京都
9月8日（土），山形
11月17日（土），山梨
11月23日（金・祝），岡山
12月8日（土），仙台
1月12日（土），静岡県藤枝市
4月20日（土），和歌山
4月27日（土），福井
6月22日（土），山形市
7月27日（土），岐阜
8月31日（土），沖縄
10月26日（土），高知
11月2日（土），群馬
11月16日（土），福岡2nd
12月7日（土），熊本
2月8日（土），長崎
```

　これまではターミナルの画面に表示されていた内容が、［bootcamp-venues.txt］に書き込まれているのです。

表示されていた実行結果が表示されなくなった理由

こ こでは「ターミナルの画面に表示（print）」をしていたものを、「ファイルに書き込みをする（f.write）」という変更を加えました。つまり、コマンドラインの画面に表示をするという機能はなくなってしまったということでもあります。そのためここでコマンドラインの画面に結果が表示されなくなってしまったのは、むしろ想定通りにプログラムが更新できているということでもあります。

ファイルに保存する形式を考える

　Webスクレイピングした結果をファイルに書き出すように変更しました。実行してそれっきりだったプログラムの結果を保存することが可能になり、1つ便利になりました。ところで、保存されたテキストファイルを見ると次の形式で保存されていることがおわかりいただけるでしょう。

```
（開催日），（開催地）
```

　このような「項目を，（カンマ）で区切ったテキストファイル」はしばしばCSV（Comma-Separated Values）ファイルと呼ばれます。ファイルの種類を表す拡張子は［.txt］でもデータとしては問題ありませんが、一般的には［.csv］を利用することが多いです。そのため、プログラムの保存先ファイル名も変更しましょう。変更した結果はリスト13-7のとおりです。

リスト13-7　保存先ファイルの拡張子を変更する

```
import requests
from bs4 import BeautifulSoup

url = "https://www.pycon.jp/support/bootcamp.html"
```

```
result = requests.get(url)
result.encoding = result.apparent_encoding

soup = BeautifulSoup(result.text, "html.parser")
tables = soup.find_all("table", class_="docutils")
table = tables[1]
event_list = table.tbody.find_all("tr")

with open("bootcamp-venues.csv", "w") as f:  ←─┤ 更新 │
    f.write("開催日, 開催地\n")
    for event in event_list:
        td_list = event.find_all("td")

        name = td_list[0].get_text()
        day = td_list[1].get_text()

        if "年" in name or "中止" in name:
            continue

        venue = name.replace("Python Boot Camp in ", "")
        f.write(f"{day}, {venue}\n")
```

ここまで変更したら、再びプログラムを実行してみましょう。

ターミナル

```
python bootcamp_venues.py
```

実行結果

```
PS C:\Users\surapy\Documents\surasura-python\chapter13> ⏎
python bootcamp_venues.py
PS C:\Users\surapy\Documents\surasura-python\chapter13>
```

　ターミナルへの出力がないのは変わりないので、一見するとまったく同じ結果のように見えます。ですが、今度は［bootcamp-venues.txt］ではなく［bootcamp-venues.csv］というファイルが生成されているはずです。

　［bootcamp-venues.csv］はVS Codeで確認していると先ほどと変わりない結果です。しかしながら、CSVファイルはMicrosoft ExcelやGoogle スプレッドシートといったスプレッドシートを扱うソフトウェアでも開くことができます。お手持ちのパソコンにインストールされていましたら、ぜひそちらでも開いてみてください。こうすることで、スクレイピングで取得した情報を手軽に並べ替

えたり絞り込んだりできるようになります。

Google スプレッドシートに CSV ファイルを取り込む

Column

テキスト、CSVファイルの中身が 文字化けしてしまうときの対策

Widnowsの場合、VS Code で CSV ファイルを開くと、文字化けした状態で表示されてしまいます。そういった場合は、文字コードを指定してファイルを開くと解消します。

❶ ファイルを開いた状態で、右下にある「UTF-8」と表示されている場所をクリックします。

❷ 次のようなコマンドパレットが表示されるので、「エンコード付きで再度
開く」をクリックします。

❸ 再び現れるコマンドパレットに「Japanese」と入力して候補を絞ります。
2つほど表示されますが、「Japanese (Shift JIS) shiftjis」を選択します。

❹ すると、文字化けが解消された状態で表示されます。

4 応用編　プログラムの中でファイルを扱ってみよう

応用編まとめ

この応用編ではPythonでファイルを扱う基本的な知識を基に、次の内容を扱いました。

- プログラムで処理した内容のファイルへの保存
- 処理結果を保存したファイルが便利に活用できるCSVという形式での出力

こうして書き出してみると、やったことはシンプルです。それでもプログラムの実行結果をファイルへ保存ができるようになれば、他の人と共有することが簡単にできます。保存したファイルを他のソフトウェアやWebサービスに読み込んでさらに便利な処理をさせることも可能です。実行結果を何らかの形で保存できれば、プログラムで実現できることの幅は確実に広がります。

今回はWebスクレイピングをした結果をCSV形式で保存するという例を取り扱いました。もちろんスクレイピング以外の処理の結果でも、CSV形式はよく利用されます。またCSVファイルにとどまらず、他にもさまざまなデータ形式で保存可能です。

ぜひPythonを活用してこのようなデータの操作の効率化、自動化に挑戦してみてください。

13 — 5 ファイルの基本的な扱い方のまとめ

　第13章では、Pythonでファイルを扱うために必要となる基本的な知識をひととおり紹介してきました。紹介した内容は「開く」「閉じる」といった**ファイルを扱うための方法**と、「書き込む」「読み込む」といった**ファイルの中身を操作する方法**に分けられます。まとめてみると次のとおりです。

━━━━━━━━━━━━━━〈 P O I N T 〉━━━━━━━━━━━━━━

この章ではファイルを扱うための方法について学びました

- ✔ ファイルの処理をするには必ずファイルを開き、終わったら閉じる必要がある

- ✔ open関数でファイルを開くことができる

- ✔ open関数でファイルを開く際にはどのように開くのかというモードを指定できる

- ✔ よく利用するモードには「読み込み専用」、「書き込み専用」がある

- ✔ 「書き込み専用」には「上書き」「追記」「新規ファイルにのみ書き込み」の3種類のモードがある

- ✔ open関数はファイルオブジェクトと呼ばれる「ファイルを開いた状態」をもつオブジェクトを返す

- ✔ ファイルオブジェクトのもつcloseメソッドでファイルを閉じることができる

- ✔ with構文とopen関数を組み合わせることで自動的にファイルを閉じることができる

ファイルの中身を操作する方法についても学びました

- ✔ ファイルを実際に操作をするにはファイルオブジェクトからメソッドを呼び出す

- ✔ ファイルから情報を読み出したいときはファイルオブジェクトがもつ読み込み用のメソッドを呼び出す

- ✔ readメソッドは整数の引数で指定された量だけ文字列として読み出す引数を省略するとファイルの内容を全部読み出す

- ✔ readlineメソッドは1行だけ文字列として読み出す

- ✔ readlinesメソッドは1行1要素のリスト形式で一度にファイル全体を読み出す

- ✔ ファイルに何か情報を書き込みたいときはファイルオブジェクトがもつwriteメソッドを呼び出す

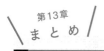

■ Check Test

Q1 好きなWebサイトをスクレイピングし、テキストデータをCSV
形式で保存してください。

※この問に解答はありません。

付　録

Answer

まとめのCheck Testの解答例

第1章

A1 プログラミングとはコンピュータに「決められた処理をしてほしい」という命令（＝プログラム）を作成していくことです。

A2 Pythonは記号ではなくインデント構文を用いてブロックを表現しますPythonでは1つのインデントの幅は半角スペース4つを利用するのが一般的です。

第3章

A1 コマンドラインで対話的に1行ずつ処理を実行する方法と、プログラムを記載したテキストファイルを用意し、pythonコマンドにファイルを指定する方法があります。1番目の方法は、インタラクティブシェルを通じて対話的に1行ずつPythonの処理を実行できます。2番目の方法は、プログラムをファイルに保存することによって1回のコマンド入力で、確実に処理できます。このファイルは他のPythonが動くパソコンにコピーしてもまったく同じ動きをします。

A2 「ターミナル」または「端末」と呼びます。本書では「ターミナル」の呼び方で統一しています。

A3 lsコマンドは今開いているフォルダの中に存在するファイルおよびフォルダの名前を一覧として表示するコマンドです。

第4章

A1 それぞれの計算結果は右のとおりです。上から順番に足し算、割り算、掛け算と足し算の処理を行っています。

```
>>> 10 + 5
15
>>> 10 / 3
3.3333333333333335
>>> 3 * (5 + 1)
18
```

A2 それぞれの計算結果は右のとおりです。//は小数点を切り捨てて割り算の処理を行っています。問題では10 / 3を計算し、小数点以下を切り捨てています。% は割り算の余りを計算しています。10 / 3の余りは1なので、1が表示されます。

```
>>> 10 // 3
3
>>> 10 % 3
1
```

A3 "10"+"5" の計算結果は右のとおりです。" " は文字列を表しているので15にはならず、文字列の "105" が表示されます。

```
>>> "10"+"5"
'105'
```

A4 変数は、変数名 = データで設定できます。

```
>>> number = 10
>>> number + 5
15
```

A5 number変数は数値型オブジェクトなので、文字列の [5] と足し算をするにはnumber変数を文字列型オブジェクトに変更する必要があります。文字列型オブジェクトに変更するにはstr(変数)で実現できます。

```
>>> str(number) + "5"
'105'
```

A6 replaceメソッドは最初に変更したい文字、次に変更後の文字を渡すことで文字列の修正ができます。ここでは "h" を "c" に変更したいので、右のようになります。

```
>>> greet = "hello"
>>> greet.replace("h","c")
'cello'
```

\第 5 章 / ------------------------------------

A1 条件式の結果は右のとおりです。最初の条件式では、5は3より大きいのでFalseが返り、次の条件式ではTrueが返ります。

```
>>> 5 < 3
False
>>> 5 > 3
True
```

A2 それぞれの結果は右のとおりです。if 5 > 3:は正しいので Trueを返し、ブロック内コードが実行されます。if 5 < 3:は正しくないのでFalseを返し、ブロック内コードが実行されません。

```
>>> if 5 > 3:
...     print("5 > 3はTrue")
...
5 > 3はTrue
>>> if 5 < 3:
...     print("5 < 3はTrue?")
...
```

A 3 □に入るのはそれぞれ右のとおりです。最初の□には5が入りますが、次の□は5以外の数値でしたら何が入ってもかまいません。

```
>>> number = 5
>>> if number == 5:
...     print("numberと5は等しい")
...
numberと5は等しい
>>> number = 1
>>> if 5 != number:
...     print("numberと5は等しくない")
...
numberと5は等しくない
```

A 4 最初の□にはandを使用していますので、両方の条件を満たす必要があります。このため、□には10が入ります。次の□にはorを使用していますので、どちらか一方の条件を満たす必要があります。最初の条件が満たされていませんので、□には条件を満たすために15が入ります。□に入るのはそれぞれ次のとおりです。

```
>>> number1 = 5
>>> number2 = 10
>>> if number1 == 5 and number2 == 10:
...     print("and条件クリア")
...
and条件クリア
>>> number1 = 5
>>> number2 = 15
>>> if number1 != 5 or number2 == 15:
...     print("or条件クリア")
...
or条件クリア
```

\第 6 章/ –

A 1 空のリストを代入するには、[ ]を代入します。

```
>>> num_list = []
```

A 2 print(num_list) の結果は右のとおりです。

```
>>> num_list = [1, 2, 3]
>>> print(num_list)
[1, 2, 3]
```

A3 print(num_list[1]) では、num_listリストの[1]を参照していますので、2番目の要素である2が表示されます。結果は右のとおりです。

```
>>> num_list = [1, 2, 3]
>>> print(num_list[1])
2
```

A4 答えは右のとおりです。num変数を用意し、for文を使用してnum_listの要素を代入します。

```
>>> num_list = [1, 2, 3]
>>> for num in num_list:
...     print(num)
...
1
2
3
```

A5 実行結果は右のとおりです。if文で2以上の数値を参照するとTrueになることから、1は表示されず2と3が表示されます。

```
>>> num_list = [1,2,3]
>>> for num in num_list:
...     if num >= 2:
...         print(num)
...
2
3
```

\第 7 章 / –

A1 空の辞書を代入するには、{ }を代入します。

```
>>> alpha_num_dict = {}
```

A2 keyとvalueの要素を入れるには次のとおりにします。キーと値を1つずつ対応させる必要があります。

```
>>> alpha_num_dict = {"a": 1,"b": 2, "c": 3}
```

A3 print(alpha_num_dict)の実行結果は次のとおりです。なお、出力される順番は保証されていません。

```
>>> alpha_num_dict = {"a": 1,"b": 2, "c": 3}
>>> print(alpha_num_dict)
{"c": 3, "a": 1, "b": 2}
```

A4 aキーに10が代入されることによって、aキーの値は10に変更されます。

```
>>> alpha_num_dict["a"] = 10
>>> print(alpha_num_dict)
{"c": 3, "a": 10, "b": 2}
```

A5

コードは次のとおりです。for文で使う変数の部分にkey, valueと複数指定する書き方をします。

```
>>> alpha_num_dict = {"a": 1, "b": 2, "c": 3}
>>> for key, value in alpha_num_dict.items():
...     print(key, value)
...
a 1
b 2
c 3
```

第8章

A1

関数を呼び出すには、関数名を入力します。

```
>>> def print_square():
...     print(3 * 3)
...
>>> print_square()
9
```

A2

実行結果は右のとおりです。関数に引数を渡すには、()に渡したい値を入力します。

```
>>> def print_square(number):
...     print(number * number)
...
>>> print_square(4)
16
```

A3

実行結果は右のとおりです。返り値を設定することで関数内の処理結果を関数外に渡すこともできます。

```
>>> def print_square(number):
...     return number * number
...
>>> print(print_square(5))
25
```

第9章

A1

1行目にある [def add_10 (num)] の末尾に: (コロン) が付いていません。正しいコードは右のとおりです。

```
def add_10(num):
    add_num = int(num) + 10
    return add_num

add_10("10")
```

3行目にある「print(fruit)」が正しくインデントされていません。正しいコードは右のとおりです。

```
fruits = ["apple", "orange"]
for fruit in fruits:
    print(fruit)
```

A2 例外処理を行うので1番目には「try:」、2番目には「except:」が入ります。
正しいコードは次のとおりです。

```
def add_10(num):
    try:
        add_num = num + 10
        print(f"add_num is{add_num}")
        return add_num
    except:
        print("Error!")
```

第10章 / ---------------------------------

A1 関数make_greetの引数nameは文字列の想定なので、型ヒントはstrです。
また返り値greetはf-stringで形成される文字列型のため、こちらもstrです。

```
def make_greet(name: str) -> str:
    greet = f"Hello {name}-san"
    return greet
```

A2 Python3.5からPython3.9まではUnionを使用します。

```
from typing import Union
int_or_str: Union[int, str] = 10
```

Python3.10からはシンプルに書けます。

```
int_or_str: int | str = 10
```

第11章 / ---------------------------------

A1 下の内容で[calc.py]という名前のファイルを[chapter11]フォルダに作
成します。

calc.py

```
def sum_number(val1, val2):
    return val1 + val2
```

保存ができたらターミナルで［chapter11］フォルダに移動して、インタラクティブシェルを起動します。

ターミナル（Windows）

```
cd ~\Documents\surasura-python\chapter11
python
```

ターミナル（macOS）

```
cd ~/Documents/surasura-python/chapter11
python3
```

インタラクティブシェルで次のように入力してください。計算結果が表示されます。

```
>>> import calc
>>> calc.sum_number(1, 2)
3
```

A2 現在の作業フォルダを調べるには、.getcwd()を使用します。単純に呼び出せれば問題ありません。次の実行結果は、Windowsでホームフォルダを開いているときの例です。

```
>>> import os
>>> os.getcwd()
'C:\Users\surapy'
```

A3 pytzをインストールするには、ターミナルからWindowsではpipコマンド（macOSではpip3コマンド）を実行します。インストールが完了したらインタラクティブシェルを起動し、「import pytz」と入力してみてください。特に何も表示されなければ、importに成功しています。
次の実行結果はWindowsでの例です。

```
PS C:\Users\surapy> pip install pytz
... (略)
PS C:\Users\surapy> python
... (略)
>>> import pytz
>>>
```

A1 requestsライブラリを使用していますので、requestsライブラリをimportする必要があります。したがって、□の中にはrequestsが入ります。全体のコードは次のとおりです。

```
>>> import requests
>>> url = "https://www.pycon.jp/support/bootcamp.html"
>>> requests.get(url)
<Response [200]>
```

A2
・200はOKの意味を持ちます。何も問題なく処理され、レスポンスが返されています。

・403はForbiddenの意味を持ちます。禁止されているページへアクセスしようとすると表示されます。

・404はNot Foundの意味を持ちます。Webサーバ上で探しているページが見つけられなかったときに表示されます。

・503はService Unavailableの意味を持ちます。Webサーバがメンテナンスや急激なアクセス増加などで一時的にレスポンスを返せない状況のときに表示されます。

A3 条件を満たすすべての内容を抜き出すには、find_all()を使用します。全体のコードは次のとおりです。

```
import requests
from bs4 import BeautifulSoup
url = "https://www.pycon.jp/support/bootcamp.html"
result = requests.get(url)
result.encoding = result.apparent_encoding
soup = BeautifulSoup(result.text, "html.parser")
tables = soup.find_all("table", class_="colwidths-
given")
for table in tables:
    print(table.get_text())
```

謝辞

　本書の執筆にあたり、既刊「スラスラわかる Python」に引き続き多くの方々にご協力いただきました。

　無理なスケジュールにも関わらず、レビュワーとして執筆をサポートいただいた杉山剛さん、吉田花春さん。
　また既刊に引き続き監修していただいた寺田学さん。共著でともに執筆を進めていただいた北川慎治さん。
　そして本書の企画、編集を担当していただいた翔泳社の方達、書籍のレイアウトやイラストを担当していただいたデザイナーの皆さま。

　皆さまへ心から感謝申し上げます。

　最後に妻と娘たちへ。
　コロナ禍でなかなか外出もできずストレスが溜まりやすい状況下でも、仕事外のコミュニティ活動を快くさせてくれていること。
　そして、今回も執筆活動でなかなか家庭のことに手が回らない状況でも快く応援してくれたことに心から感謝します。

2021年10月
岩崎 圭

索引

■著者プロフィール

岩崎 圭 (いわさき けい)

青森県むつ市出身。MSP、Web系企業のインフラエンジニアとしての仕事の中で業務効率化の手段として Python を触りはじめる。その後は Python/Go 製 Web サービスのバックエンド・フロントエンド開発、インフラ運用に携わる。株式会社 SQUEEZE など複数のベンチャー企業を経て 2020 年 12 月よりコネヒト株式会社にインフラエンジニアとして所属。ほぼ毎月行われる「Python mini hack-a-thon」にはよく参加する。

所属：コネヒト株式会社　https://connehito.com/
Twitter：@laugh_k
Github：@laughk

北川 慎治 (きたがわ しんじ)

山形県天童市出身。C 言語、PHP、Java を使った経験から Python のシンプルな記述と処理の幅広さに惹かれる。
仕事でも Python を使える職場を探し求め、株式会社ビープラウドを経て現在は株式会社 Stroly で働いている。仕事では WEB アプリケーション開発、趣味では 4 コマ漫画の評論・分析のためにデータ分析や機械学習を行っているため、Python の幅広いライブラリに助けられる日々。

所属：株式会社 Stroly　https://stroly.com/
Twitter：@esuji
GitHub：@esuji5

■監修者プロフィール

寺田 学 (てらだ まなぶ)

Python Web 関係の業務を中心にコンサルティングや構築を手がけている。2010 年から国内の Python コミュニティに積極的に関連し、PyCon JP の開催に尽力した。2013 年 3 月からは一般社団法人 PyCon JP Association 代表理事を務める。その他の OSS 関係コミュニティを主宰またはスタッフとして活動中。一般社団法人 Python エンジニア育成推進協会顧問理事として、Python の教育に積極的に関連している。
最近は Python の魅力を伝えるべく、初心者向けや機械学習分野の Python 講師を精力的に務めてたり、Python をはじめとした技術話題を扱う Podcast「terapyon channel」https://podcast.terapyon.net/ を配信中。
「見て試してわかる機械学習アルゴリズムの仕組み 機械学習図鑑」（翔泳社、2019 年 4 月）を共著、「Python によるあたらしいデータ分析の教科書」（翔泳社、2018 年 9 月）を共著、その他執筆活動も行っている。

主な所属
（株）CMS コミュニケーションズ　代表取締役　https://www.cmscom.jp
一般社団法人 PyCon JP Association 代表理事　http://www.pycon.jp
一般社団法人 Python エンジニア育成推進協会　顧問理事　https://www.pythonic-exam.com
PSF(Python Software Foundation) Fellow member 2019Q3 & Contributing members
　　https://www.python.org/psf/membership/
Plone Foundation Ambassador　https://plone.org
国立大学法人一橋大学　社会学研究科地球社会研究専攻　非常勤講師

装丁・本文デザイン	新井 大輔
イラスト・マンガ	ヤギワタル
DTP	株式会社シンクス

| レビュアー | 杉山 剛・吉田 花春 |

スラスラわかるPython 第2版

2021年11月17日　初版第1刷発行
2022年11月25日　初版第2刷発行

著　者	岩崎 圭（いわさき けい）、北川 慎治（きたがわ しんじ）
監修者	寺田 学（てらだ まなぶ）
発行人	佐々木 幹夫
発行所	株式会社 翔泳社（https://www.shoeisha.co.jp/）
印刷・製本	株式会社ワコープラネット

IISBN978-4-7981-6936-1